摄影测量学

张彦丽 编著

清华大学出版社

北京

内 容 简 介

本教材是西北师范大学开发的"摄影测量学"在线共享课程配套教材。通过本课程的学习,能够让学生系统地掌握由二维像平面重建三维立体模型的摄影测量基础知识,了解摄影测量学的应用及发展,激发学生的三维立体科学思维,提高对未来实景三维 GIS 的进一步认识。

全书共分 6 章,主要内容包括:绪论、单幅影像解析基础、双像立体测图、解析空中三角测量、数字摄影测量基础、数字高程模型及地形分析等。

图书在版编目(CIP)数据

摄影测量学/张彦丽编著.—北京:清华大学出版社,2020.12(2024.8重印)
ISBN 978-7-302-56519-2

Ⅰ.①摄… Ⅱ.①张… Ⅲ.①摄影测量学—教材 Ⅳ.①P23

中国版本图书馆 CIP 数据核字(2020)第 182644 号

责任编辑:柳 萍 赵从棉
封面设计:常雪影
责任校对:赵丽敏
责任印制:杨 艳

出版发行:清华大学出版社
  网   址:https://www.tup.com.cn,https://www.wqxuetang.com
  地   址:北京清华大学学研大厦 A 座   邮   编:100084
  社 总 机:010-83470000   邮   购:010-62786544
  投稿与读者服务:010-62776969,c-service@tup.tsinghua.edu.cn
  质量反馈:010-62772015,zhiliang@tup.tsinghua.edu.cn
印 装 者:北京嘉实印刷有限公司
经   销:全国新华书店
开   本:185mm×260mm   印   张:11.25   插   页:8   字   数:293 千字
版   次:2020 年 12 月第 1 版   印   次:2024 年 8 月第 6 次印刷
定   价:56.00 元

产品编号:087834-01

前言

FOREWORD

摄影测量学是一门古老且处于发展中的学科，是摄影技术发明后出现的一种测绘技术。尽管已经有二百多年的历史，但随着遥感、无人机及倾斜摄影等技术的发展，摄影测量学将迎来新的发展机遇与挑战。

尽管 DPGrid、Smart3D 等自动化数字摄影测量软件应用广泛，但如何通过二维影像重建三维立体模型？要理解这个过程，则需要认识单像摄影像片的几何特征，需要建立摄影测量的系列坐标系，需要对摄影过程进行几何反转等。

全书共 6 章，主要内容包括：绪论、单幅影像解析基础、双像立体测图、解析空中三角测量、数字摄影测量基础、数字高程模型及地形分析等。本书知识体系主要参考了由张剑清、潘励和王树根编著的《摄影测量学》，同时教材中很多图片资料来自于武汉大学袁修孝教授主持的国家级精品课程"摄影测量学"。在此基础上增加了摄影测量学最新发展、摄影测量学相关学科、摄影测量学相关生产实践流程等内容。

教材编写团队来自西北师范大学、甘肃省测绘工程院和兰州理工大学，能够有效地将教学经验、科研与生产实践融于一体，保证了课程内容的新颖性与实践性、专业知识的系统性及趣味性等特点。本书编写分工如下：1.1 节～1.3 节和 1.5 节，第 2～3 章，4.1 节和4.4 节，6.2 节～6.4 节由张彦丽（西北师范大学）编写；1.4 节由周星（甘肃省测绘工程院）编写；4.2 节和 4.3 节由李丑荣（甘肃省测绘工程院）编写；第 5 章由牛全福（兰州理工大学）编写；6.1 节由潘竟虎（西北师范大学）编写。

本书在编写过程中，得到了南京师范大学汤国安教授的关心和帮助，得到了西北师范大学赵军教授和李传华副教授的指导和帮助。本书编写也得到了中国测绘科学研究院龚循平研究员、武汉大学邓非教授以及兰州交通大学闫浩文教授的指导和帮助，也感谢中国吉林建筑大学杨倩教授的支持。非常感谢课题组成员潘竟虎教授、李丑荣正高级工程师、周星正高级工程师和牛全福教授的编写工作。西北师范大学刘琦、陈蔺鸿、马宇鹏等同学在文字与图片编辑方面做了大量细致的工作。智慧树的梁晶允老师在文字校对方面做了很多工作。清华大学出版社的柳萍编辑在文字与图片编辑、校对等方面付出了辛勤劳动。西北师范大学的同事、研究生对书稿也做了很多具体工作，在此一并表示感谢。

本书可作为地理信息科学专业、测绘工程专业、遥感科学与技术专业、无人机测绘技术等大专院校本科、高职或函授的教材，也可为其他相关专业的师生、工程技术人员和研究人员提供学习参考资料。

2020 年 5 月于兰州

目录
CONTENTS

第 ① 章

绪 论

1.1 摄影测量学及任务

摄影测量学具有较悠久的历史,19世纪中叶摄影技术一经问世便应用于测量。从模拟摄影测量开始,经过了解析摄影测量阶段,现在已经步入数字摄影测量时代。近年来,随着无人机、高分辨率相机等技术的发展,摄影测量学进入了新的春天、迎来新的发展机遇。在传统的垂直摄影测量基础上,倾斜摄影测量近年来备受青睐,它颠覆了以往摄影像片只能从垂直角度拍摄的局限,通过在同一飞行平台上,搭载多台多角度相机,提供了更加真实、直观的世界。目前,各地区各部门的实景三维中国建设的步伐进一步加快。2019年3月,张祖勋院士团队又提出了第三种摄影测量方式,即贴近摄影测量。基于毫米级高清影像,贴近摄影测量推动了无人机摄影测量与精细化三维建模的发展,提升了摄影测量在测绘生产中的应用能力和应用水平,广泛应用于城市精细重建、古建筑重建、水利工程监测、滑坡监测等方面。

本课程主要是学习传统的垂直摄影测量学知识,也是当前无人机测绘、倾斜摄影测量与贴近摄影测量的重要基础。

1. 摄影测量学定义

如图 1.1 所示,在两个已知点上分别放置两台经纬仪,记为站点 1 和 2,对一个未知点,比如房子角点 A 进行瞄准,在这两个站点上测量对应的水平角 $\alpha_i (i=1,2)$ 和垂直角 $\beta_i (i=1,2)$。然后通过简单的几何关系,就可以确定未知点 A 的空间位置,这就是普通测量学中的前方交会。

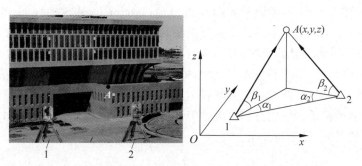

图 1.1 普通测量学的前方交会

摄影测量学来自于普通测量学中的前方交会。如图 1.2 所示,将经纬仪换成两台照相机或摄影经纬仪,同样在已知站点 1 和 2 的位置上,对物体分别拍摄左右两张影像,这时的站点称为摄站点。然后在这两个摄站点拍摄的两张像片上(获得地物三维立体模型,见图 1.2(c)),分别量测未知点,即房角点 A 的左、右像点 a_1 和 a_2 的坐标,这两个左右像点也称为同名像点。同样可以获得 A 点的空间位置,这种方法称为摄影测量。

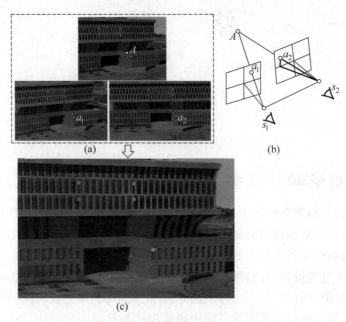

图 1.2　摄影测量学原理(有彩图)

因此,摄影测量就是通过影像来获取空间地理信息的学科。通俗讲把摄影测量两个字分开读,就是通过摄影进行测量。摄影测量学追求的目标就是"给我照片,就给你精确的测量结果"。

总之,摄影测量首先要获取影像数据,即在不同的已知点位上,对目标物体进行拍摄获得两张像片;然后利用这两张像片构建物体的三维模型;最后在模型上对目标物进行坐标量测,即在两张影像上,分别量测地物点所对应的同名像点。值得注意的是,这时候的影像已经从二维平面转换为实际物体的三维模型,可以对其进行任意旋转进行立体察看。因此,摄影测量实质是通过二维影像来构建三维空间的一门学科,是通过影像对物体进行间接测量的方法。

1988 年在日本京都国际摄影测量与遥感协会(International Society of Photogrammetry and Remote Sensing,ISPRS)上给出了摄影测量与遥感的定义。摄影测量与遥感是对非接触传感器系统获得的影像及其数字表达,进行记录、量测和解译,从而获得自然物体和环境的可靠信息的一门工艺、科学和技术。其中,摄影测量侧重于目标地物几何信息的提取,遥感侧重于物理信息的提取,两者的关系将在 1.2.1 节中专门讨论。总之,摄影测量是利用非接触成像系统,通过记录、量测、分析与表达等处理技术,获取地球及其环境和其他物体的几何、属性等特征的工艺、科学与技术。

2. 摄影测量学的系统构成

根据摄影测量学的定义,摄影测量系统由 5 部分构成(图 1.3),包括各种类型传感器、被摄物体影像、三维建模、量测和解译的过程,以及自然物体及其环境的可靠信息。通过摄影测量系统能够输出测绘与地理信息的基础地理信息数据,如 4D 产品:数字高程模型(digital elevation model,DEM)、数字正射影像(digital orthophoto map,DOM)、数字线划图(digital line graphic,DLG),以及可量测实景影像(digital measurable image,DMI)。

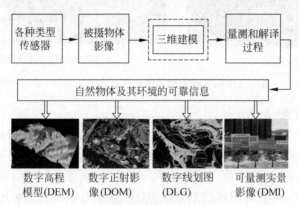

图 1.3　摄影测量学的系统构成

在摄影测量系统中,如何根据被摄物体影像构建其三维立体模型是传统摄影测量学理论研究的重要内容;如何通过量测和解译获得可靠信息,则需要摄影测量实践的系列训练过程。下面介绍系统中的传感器和被摄物体特征。

如图 1.4 所示,用于摄影测量的传感器主要包括地基摄影经纬仪、传统的框幅式航摄仪、数字航摄仪等。

P31摄影经纬仪　　　　RC30框幅式航摄仪　　　　　ADS40数字航摄仪

图 1.4　摄影测量常见传感器

由于摄影测量是对影像进行量测与解译等处理,无需接触物体本身,因而较少地受到周围环境和条件的限制。因此,被摄物体非常广泛,可以是固体、液体与气体;可以是静态或动态;也可以是遥远的、巨大的(宇宙天体与地球)或极近的、微小的(电子显微镜下的细胞)。

影像是客观物体或目标的真实反映,其信息丰富、形态逼真,可以从中提取所研究物体大量的几何信息和物理信息,是摄影测量学重要的研究对象。第一次世界大战期间,各国航空部队利用影像侦察对方动向和绘制战场地图,其威力绝不亚于隆隆爆响的重磅炸弹(图 1.5)。

"一战"中的航空摄影   美国U-2侦察机拍到的苏联机场

图 1.5   第一次世界大战期间的航空摄影和航空照片(来自网络)

3. 摄影测量学分类

按照成像距离的大小,摄影测量可分为航天摄影测量、航空摄影测量、近景摄影测量和显微摄影测量等。按照应用对象不同,摄影测量可分为地形摄影测量和非地形摄影测量。地形摄影测量主要是为城镇、农业、林业、地质、交通、工程、资源与规划等部门需要的各种专题图,建立地形数据库,为各种地理信息系统提供三维的基础数据。非地形摄影测量用于工业、建筑、考古、医学、生物、体育、变形观测、事故调查、公安侦破与军事侦察等各方面。

总之,摄影测量学是在获取二维影像基础上,重建目标地物三维模型,然后在重建的三维模型上进行量测或提取所需的各种信息。在摄影测量学的任务中,不同类型的摄影测量方法并不是完全孤立的,在一些应用中往往需要不同类型摄影测量方法互为补充、互相配合。例如在城市三维建模中,可能需要航空摄影测量与近景摄影相结合才能完成真实纹理的重建。

按照摄影测量的技术手段,摄影测量学分为模拟法、解析法与数字方法。随着摄影测量技术的发展,摄影测量学经历了模拟摄影测量、解析摄影测量与数字摄影测量 3 个发展阶段。1.3 节将详细介绍摄影测量学的 3 个发展阶段及其特点。

1.2   与摄影测量学联系最紧密的学科

遥感和普通测量是与摄影测量学联系最紧密的两门学科,下面将分析摄影测量学与这两门学科的关系,通过对大家所熟悉的两门课程进行对比,进一步剖析摄影测量学的特点。

1.2.1   摄影测量与遥感

1. 学科背景

"摄影测量"一词最早出现在 1867 年的出版物上,当时摄影艺术和科学其本身仍处在早期发展阶段,通过影像能够获得被摄物体的三维模型。20 世纪 30 年代,我国个别城市进行过航空摄影,但系统的航空摄影是从 20 世纪 50 年代开始,在地形图的制作、更新,在铁路、地质、林业等领域的调查、勘测、制图等方面起了重要的作用。

1960 年,美国海军研究局的一名军人最早提出了"遥感"的概念,1961 年密歇根大学(the University of Michigan)召开了"环境遥感国际讨论会",标志着遥感作为一门新兴独立学科的出现。当时人造地球卫星开始出现,人类已经开启了从几百千米外的高空,通过获取来自地球的电磁波辐射信息,记录并探测陆地资源与环境等信息。由此可见,摄影测量的概念提出比遥感概念早近一个世纪。

但是,由于摄影测量学与遥感都是基于影像获得地表几何与物理特性,是地球空间信息学(Geomatics)的核心,1988 年前后又将两者合并为一个概念,即摄影测量与遥感。图 1.6记录了摄影测量学与遥感的历史发展过程及相互关系。

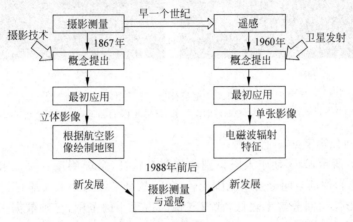

图 1.6　摄影测量与遥感

1988 年,国际摄影测量与遥感协会将摄影测量学与遥感一起给出了定义。可以看出摄影测量与遥感关系密切,科学界对这两门课程并没有明显的区分,有些专业甚至将两者合并为一门课程。如已出版的一些《摄影测量与遥感》的教材,国际一流的期刊 ISPRS(*Journal of Photogrammetry and Remote Sensing*)也将两者融为一体。

摄影测量与遥感的共同之处在于,摄影测量与遥感都是地理信息系统数据采集的重要手段,两者都是利用不同高度的平台搭载传感器,不接触物体本身而获取物体的信息。所用平台没有本质区别,主要包括地面、航空和航天平台。

2. 摄影测量与遥感的差异性

摄影测量与遥感是两个不同的学科,具有较大的差异性。摄影测量学主要是对空间信息的获取,重点研究地表几何信息的获取,研究地物位置、大小、形状等几何特征及几何位置精度。而遥感主要关注的是地物属性信息的获取,重点研究如何通过不同波段、不同分辨率及不同时相的遥感数据,获得地表温度、土壤湿度、大气污染物等地球物理属性信息。如图 1.7 中,通过兰州市 Landsat TM 真彩色与标准假彩色合成影像对比,能够获得兰州市城区大气污染、植被生物量等物理属性信息。

下面,从摄影测量与遥感在传感器所用波段、影像空间分辨率、摄影条件、计算机硬件,以及数据处理流程等 5 个方面的不同进行分析。

1) 波段

遥感影像波谱范围很宽,从紫外到微波波段覆盖了整个电磁波谱范围。遥感真正实现了人眼的延伸,能够探测到人眼看不到的地物属性,如热红外地表温度等,可以利用热红外影像获得火点监测信息。摄影测量主要使用的波段是可见光和短波近红外,大部分采用的是可见光波段。这样使得像片上的信息被人们所熟悉,基本与人们见到的实际地物信息相同,便于立体观测和坐标精确量测。

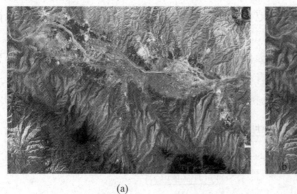
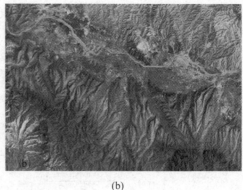

(a)   (b)

图 1.7　遥感影像(有彩图)

(a) 兰州市 Landsat TM 真彩色影像;(b) 兰州市 Landsat TM 标准假彩色影像

2) 影像空间分辨率

如图 1.8(a)所示,为了便于人眼识别地物集合特征,摄影测量一般要求影像空间分辨率较高。而遥感影像的空间分辨率范围比较宽泛,从毫米级到万米级都有。图 1.8(b)所示的武汉市遥感影像空间分辨率较低,武汉三镇只占很小的范围,这种数据一般用于遥感监测,而不能用于立体测图。

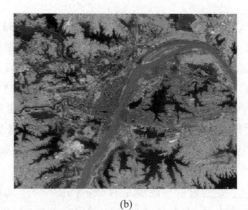

(a)   (b)

图 1.8　摄影测量与遥感对空间分辨率要求的差异

(a) 高分辨率遥感影像;(b) 低分辨率遥感影像

3) 摄影条件

传统摄影测量对飞机或卫星轨道姿态及像片质量具有严格的限制条件,如航线平行、相邻像片航向重叠度要求 60% 以上等,2.1 节将会讲述航摄像片的基本要求。遥感则对遥感平台飞行条件、像片与像片之间的几何关系等没有严格要求,一般要求无缝摄影即可。

4) 计算机硬件

数字摄影测量系统除了需要配置一般计算机硬件外,还需要专业立体显卡和立体显示器等。同时也要求配置立体眼镜、手轮脚盘等输入设备。而遥感数据处理设备只要求一般的计算机硬件即可,无需立体显卡等硬件设备。

5) 数据处理流程

传统摄影测量学研究的重点是如何利用二维像片重建三维模型,以及如何在模型上提高立体量测精度。而遥感重点研究如何根据影像记录的地物电磁波特性,提取各种地表物理属性。因此,摄影测量与遥感数据处理手段与方法不同。比如,利用遥感影像进行监督分类的处理流程一般包括类别定义与特征识别、样本选择,根据研究区地物特点选择合适的分类器、影像分类、分类后处理(小图斑合并等),以及最后的结果验证等6个步骤,与摄影测量三维模型重建、立体量测、4D产品等生产过程与步骤完全不同。

3. 摄影测量与遥感的技术交融

随着科学技术的发展,新的地理信息时代悄然而来,推动了摄影测量与遥感的技术交融。遥感技术可以被广泛地应用于摄影测量,打破了摄影测量长期以来,过分局限于测量物体的形状、大小等地物几何方面数据处理的局面。而在遥感技术中利用立体像对获得高精度DEM数据等,也成为定量遥感的基本数据处理步骤。如今,很多商业遥感软件都具有摄影测量处理模块,如ERDAS、ENVI等。

目前,众多的航空/卫星遥感传感器除了获取多光谱影像外,还提供了高分辨率的立体像对。如WorldView-4卫星提供了29个波段影像数据,其中有两个空间分辨率为0.31m的全色波段用于立体建模,27个空间分辨率为1.24m的多光谱波段,包括蓝、绿、黄、红、近红外、中红外等波段,用于地表、大气物理信息的提取。因此,用WorldView-4数据可以同时实现摄影测量与遥感的各类任务。

1.2.2 摄影测量与普通测量

摄影测量是普通测量的发展,两者联系密切。图1.9描述了普通测量与摄影测量工作场景,显然,两者在工作环境方面具有较大差异。普通测量一般在室外进行,环境比较艰苦;而摄影测量一般是在室内工作,通常装备有空调设备,工作环境比较舒适。另外一个明显不同在于工作方式,普通测量通常是在实地架设仪器,对目标地物进行角度与距离的量测。而摄影测量则是将实际地表三维模型搬进计算机,然后进行立体量测与解译。

(a)　　　　　　　　　　　　(b)

图1.9　摄影测量与普通测量工作场景

(a) 摄影测量；(b) 普通测量

1. 学科背景

为了深入探讨摄影测量与普通测量的关系,先回顾一下普通测量学的发展史。"测量"一词来源于希腊语,是"土地划分"的意思。早在上古时期,人类就开始了测量工作。最初由于划分土地的需要产生了平面测量,使用简单的工具(如绳尺、步弓等)进行距离测量。公元前3世纪,中国已使用早期的指南针进行方位测定;公元前1世纪,利用直角三角形的性质测量高度和距离,后来根据水平面的性质出现了原始的水准测量;于17世纪制成了水准仪后,才开始出现较精密的水准测量;直到17、18世纪望远镜、经纬仪出现后,才开始了角度测量。由于军事和生产活动的需要,产生了平面测量与高程测量相结合的地形测量,出现了地图。早期的地图只是一种简单的示意图。随着测绘学的发展,逐渐引入了比例尺、方位、等高线等概念,形成了现在所使用的线划地形图。

总之,作为测绘学基础的普通测量,已经形成和发展了几千年。摄影测量是普通测量学的发展,是在摄影技术、航空、航天飞行器发展基础上出现的。相比较而言,摄影测量是一门年轻的学科,从概念的提出到现在仅 160 多年的历史。

摄影测量与普通测量的共性在于两者都属于测量学范畴,研究对象都是地球,都是对地球的形状、大小和地球表面的各种物体的几何形状及其空间位置的关系进行研究。当然,这些研究任务是对地形摄影测量而言的。非地形摄影测量研究目标很广泛,可以是静止物体、可以是运动物体等,这里暂不讨论。

2. 摄影测量与普通测量的差异性

尽管摄影测量与普通测量都隶属于测绘学,但两者差异较大。下面从测量过程、测量方式、测量精度、受环境条件影响、输出成果类别等 5 个方面剖析摄影测量与普通测量的差异性。

1) 测量过程不同

普通测量是将三维地球转换为二维平面。普通测量工作中的基本观测量为距离、角度和高差,入门比较容易。摄影测量则是将二维影像转换为三维地表模型,基本观测为立体模型。因此在摄影测量中,如何建立三维立体模型、如何在三维模型上切准立体进行测量,尤其是后者需要一个比较漫长的训练过程。

2) 测量方式不同

普通测量是一种点测量方式,只能逐点进行点位测定。摄影测量是一种面测量方式,立体模型建立后只要切准立体,多个点几乎可以同时进行测定。因此摄影测量能够实现大面积同步观测,而普通测量基本无法实现同步测量。大面积同步观测对于地物时效性测量成果来讲非常重要,这也是摄影测量的优势之一。

3) 点位测量精度分布不同

普通测量在不同时间测定的点位精度差异较大,如早上、中午和晚上由于大气折光等因素,对同一点位测定精度差异较大,一般选择大气光线稳定的时间段进行点位测定。而摄影测量属于面测量方式,在立体模型上各个点位测量精度几乎相同。当然,总体上讲,普通测量精度高于摄影测量精度,摄影测量只能取代三、四等或等外三角测量的点位测定。

4) 受环境条件影响不同

普通测量受天气等环境影响较大,还受到通视条件、地形阻隔等的影响。摄影测量对影像拍摄时的天气条件要求高,由于摄影测量无需接触地物本身就可以对其进行测定,因此不受地面条件的限制。

5) 输出成果类别不同

普通测量一般得到目标地物的线划地形图;而摄影测量成果输出较丰富,包括 3D 产品 DOM、DEM 和 DLG,也可以直接提供一种可量测实景影像(DMI)等。

3. 摄影测量与普通测量的联系

从以上 5 个方面比较可以看出,摄影测量具有明显的优势与先进性。然而,摄影测量离不开普通测量,普通测量是摄影测量的基础,为摄影测量学提供了基础理论和成果资料。摄影测量学直接应用普通测量学的相关基础理论及成果,如大地坐标系统、大地水准面、参考椭球体等。同时,摄影测量通常利用普通测量方法测量像控点坐标,为高精度三维建模提供数据支持。

1.3 摄影测量学的发展历程

1. 摄影测量的两个关键技术

摄影测量就是实现从二维影像到三维模型的过程,包括空中摄影获得立体像对、三维建模,以及立体量测。最关键的是要实现两个技术:①准确恢复两张影像的位置关系,也称为摄影过程的几何反转;②快速确定两张影像上的同名像点,也称影像匹配。

在摄影瞬间,拍摄每一张影像的空中位置和姿态是确定的(图 1.10(a)),但是等飞行结束后拿到摄影像片时,摄影时刻像片的位置和姿态关系已经消失了。恢复两张相邻像片在摄影时刻的位置和姿态关系称为摄影过程的几何反转,简称几何反转。

另外,在摄影测量中为了获得立体效果,要求所拍摄的两张相邻像片具有一定的重叠度。因此,同一地面物体在左右两张影像上都可能会成像,如图 1.10(b)中西北师范大学体育馆西南角的房角点,在左右两张影像上的像点分别记为 a_1 点和 a_2 点,显然 a_1 点和 a_2 点为同名像点,简称同名点。寻找 a_1 与对应同名点 a_2 的过程也称为确定同名点,如果用计算机系统自动寻找同名点,则称为影像匹配。

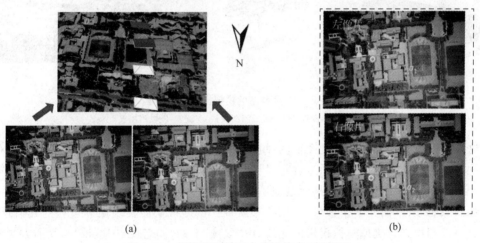

(a)　　　　　　　　　　　　　　　　　　(b)

图 1.10 摄影测量的两个关键技术(有彩图)

(a)摄影过程的几何反转;(b)同名点寻找

2. 摄影测量的起源

理解了摄影测量的两个关键技术,下面追述摄影测量学的起源。早在 18 世纪,数学家兰伯特在他的著作中就论述了摄影测量学的基础——透视几何理论;1839 年法国美术家和化学家达盖尔(Daguerre)发表了他和尼埃普斯(Nippes)拍摄的照片,第一次成功地把拍摄到的景物记录在胶片上;1851 年,法国陆军上校劳赛达(Laussedat,也被认为是"摄影测量之父"),提出了交会摄影测量并测绘了万森城堡图,标志着摄影测量的开始;1858 年,法国摄影师纳达尔(Nadar)乘坐气球,在巴黎郊外 80m 上空,拍摄了世界上第一张航空影像;1885 年,纳达尔又乘坐气球从约 610m 高空,拍摄了巴黎的航空像片;1903 年,莱特兄弟发明了飞机,使航空摄影和航空摄影测量成为可能。第一次世界大战期间,首台"自动立体测图仪"问世,后来由德国卡尔蔡司厂进一步开发,成功地制造了实用的"立体自动测图仪",随后立体坐标量测仪和1818立体测图仪的使用真正开启了摄影测量学的发展历程。

前文提到,完成摄影测量的2个关键技术是:准确恢复两张影像的位置关系;快速确定两张影像上的同名点。由于不同历史阶段完成这两项关键技术的手段不同,从1851年到现在,摄影测量的发展经历了模拟摄影测量、解析摄影测量和数字摄影测量三个发展阶段。

1.3.1　模拟摄影测量

模拟摄影测量阶段经历的时间最长,长达119年,这一发展时期也被称为"模拟摄影测量时代"。在这一漫长的发展阶段中,摄影测量可以说基本上是围绕着十分昂贵的模拟立体测图仪进行的。因此在当时,全国乃至全球,能开设摄影测量专业的大学很少。

由于这些仪器均采用光学投影器、机械投影器或光学-机械投影器"模拟"摄影过程,用它们交会被摄物体的空间位置,即实现摄影光束的几何反转,所以称其为"模拟摄影测量仪器"。根据投影方式的不同,模拟立体测图仪可分为光学测图仪、机械测图仪与光学-机械测图仪三种类型。将模拟投影光线的光学或机械部件,称为"光机导杆或机械导杆",如图1.11所示。

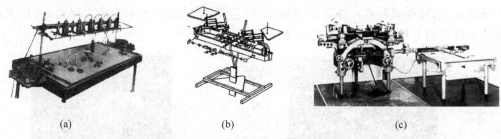

(a)　　　　　　　　　　(b)　　　　　　　　　　(c)

图 1.11　三种典型的模拟摄影测图仪器
(a) 光学测图仪；(b) 机械测图仪；(c) 光学-机械测图仪

这一阶段的各种摄影测量测图仪的原理相同,都是利用光学机械模拟装置,把左、右像片分别放置在左、右承像盘上,通过调整机械导杆或光机导杆,恢复左右像片的空间位置和姿态,实现摄影过程的几何反转从而避免了繁琐的计算。

如图1.12所示的光学投影仪中,用投影器替代摄影机从而实现摄影过程的几何反转。这样就可以利用光学机械模拟投影的光线,由"双像"上的"同名像点"进行"空间前方交会",获得目标点的空间位置,建立立体模型,进行立体测图。需要说明的是,有些模拟摄影测量仪器冠以"自动"二字,其含义在于通过仪器模拟摄影过程,避免了复杂的摄影测量解算,但是它并不意味着不需要人工的立体观测而真正实现"自动测图"。20世纪60—70年代,模拟摄影测量仪器发展到了顶峰。

总之,利用光学/机械投影方法实现了摄影过程的几何反转,用两个/多个投影器模拟摄影机摄影时的位置和姿态,构成与实际地形表面成比例的几何模型,通过对该模型的立体量测得到地形图和各种专题信息。所用像片为光学或模拟像片,仪器为昂贵的专业模拟摄影测量仪器,人眼通过左右目镜寻找同名像点建立立体模型,通过手轮脚盘控制 x、y、z 移动方向,人工切准立体、解译和量测地面目标(图1.13)。然后利用套在机械臂上的铅笔进行绘图,这样就实现了图解线划地图的生产。当然模拟摄影测量阶段也能输出影像地图,但需要专门的仪器设备,这里暂不做介绍。

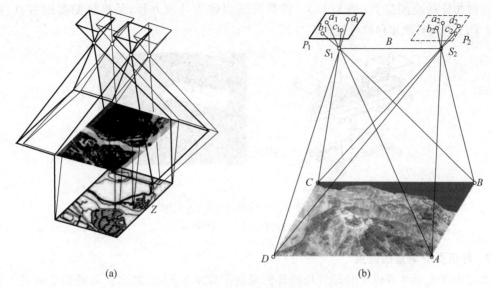

图 1.12　模拟测图仪器的投影器实现摄影几何反转

（a）投影过程；（b）摄影过程

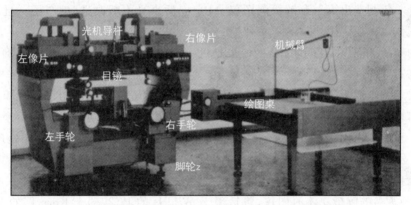

图 1.13　模拟摄影测量测图原理（Wild A10 模拟立体测图仪）

1.3.2　解析摄影测量

众所周知，无论是哪个摄影测量发展阶段，最主要的是要实现两个关键技术：①准确恢复两张影像的位置关系，即摄影过程的几何反转；②快速确定两张影像上的同名点，即影像匹配。

在模拟摄影测量阶段，将左、右像片分别放置在模拟摄影测量测图仪的左、右承像盘上，通过调整光机导杆利用光学/机械投影方法实现了摄影过程的几何反转，模拟摄影像片的位置和姿态，获得与实际地表成比例的几何模型。影像上的同名点则通过人眼目视判别。

1. 数字投影

随着模数转换技术、电子计算机与自动控制技术的发展，海拉瓦（Helava）于 1957 年提出了"用数字投影代替物理投影"的新概念。所谓"物理投影"就是之前提到的"光学、机械或光学-机械"模拟投影。"数字投影"则是利用电子计算机实时地进行投影光线的解算，从而交会被摄物体的空间位置(图 1.14)。投影光线也称为共线方程,是摄影测量的基础,第 2 章将学习其基本原理和推导过程。

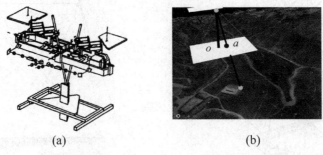

(a)　　　　　　　　　(b)

图 1.14　数字投影与物理投影(有彩图)

(a) 物理投影;(b) 数字投影

2. 解析摄影测量的发展

当时由于电子计算机十分昂贵且经常受到电子故障的影响,加之实际的摄影测量工作者通常没有受过有关计算机的训练,因而数字投影并没有引起摄影测量界的很大兴趣。但是意大利的 OMI 公司确信海拉瓦的新概念是摄影测量仪器发展的方向。他们与美国公司合作,于 1961 年制造出第一台解析测图仪 AP/1。后来又不断改进,生产了一批不同型号的解析测图仪 AP/2、A/C 与 AS11 系列等。

当时的解析测图仪多为军用,AP/C 虽是民用但也没有得到广泛应用。直到 1976 年,在赫尔辛基召开的国际摄影测量协会的大会上,由 7 家厂商展出了 8 种型号的解析测图仪,解析测图仪才逐步成为摄影测量的主要测图仪。到 20 世纪 80 年代,由于大规模集成芯片的发展,接口技术日趋成熟,加之微机的发展,解析测图仪的发展更为迅速。后来解析测图仪不再是一种专门由国际上一些大的摄影测量仪器公司生产的仪器,有的图像处理公司(如 Intergraph 公司等)也生产解析测图仪。

摄影测量的这一发展时期最具代表性的仪器设备就是"解析立体测图仪"。如图 1.15 所示,是几种著名的解析立体测图仪,包括瑞士 Wild 厂的 BC2、瑞士 Kern 厂的 DSR-1、德国 Zeiss 厂的 C-100,以及中国测绘研究院刘先林院士团队研制的解析摄影测量系统 JX-3。

(a)　　　　　　　　　(b)

图 1.15　几种著名的解析立体测图仪

(a) 瑞士 Wild 厂的 BC2 型测图仪;(b) 瑞士 Kern 厂 DSR-1 型解析

(c) 德国 Zeiss 厂 C-100 型解析测图仪;(d) 中国测绘研究院 JX-3

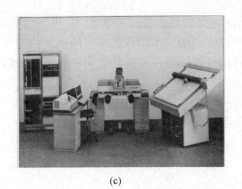
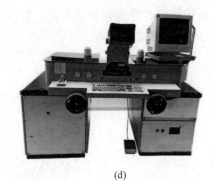

(c)   (d)

图 1.15 （续）

  由于正射影像比传统的线划地图形象、直观、信息量更丰富，受到了广泛的欢迎。因此解析摄影测量时期的另一类仪器是生产正射影像的数控正射投影仪，图 1.16 所示是两种曾经使用最广泛的数控正射投影仪。还有一种专门量测坐标的仪器，称为坐标量测仪(图 1.17)。"解析摄影测量时代"广泛使用的各类测图仪器都以电子计算机为基础，这是一项不小的改革。

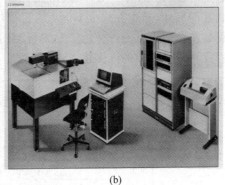

(a)   (b)

图 1.16 数控正射投影仪

（a）瑞士 WILD 厂 OR-1 型数控正射投影仪；（b）德国 Zeiss 厂 Z-2 型数控正射投影仪

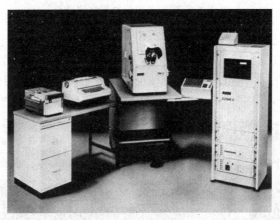

图 1.17 坐标量测仪

  总之，解析摄影测量的特点(图 1.18)是：以电子计算机为主要手段，通过对摄影像片的量测和解析计算方法的交会方式来研究和确定被摄物体的形状、大小、位置、性质及其相互关系,从而提供各种摄影测量产品。解析摄影测量时代虽然经历了短暂的 30 年左右时间,但很多的摄影测量基础理论就是在这个时期提出并形成的。本门课程学习的主要内容也主要是解析摄影测量的内容。因为数字摄影测量时代研究的重点已经转化为各种高效的影像匹配与定位算法等技术问题。

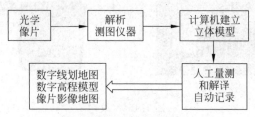

图 1.18　解析摄影测量

3. 解析测图仪与模拟测图仪比较

解析测图仪与模拟测图仪的主要区别在于(图 1.19):前者使用的是数字投影方式;后者则是用光学机械导杆模拟摄影时刻像片位置姿态的物理投影方式。因此,导致仪器设计与结构上的不同:前者是由计算机控制的坐标量测系统;后者使用纯光学、机械型的模拟测图装置。另外,操作方式也不同:解析摄影测量是计算机辅助的人工操作;模拟摄影测量全程是完全的手工操作。由于在解析测图仪中应用了电子计算机,因此免除了定向的繁琐过程及测图过程中的许多手工作业方式。

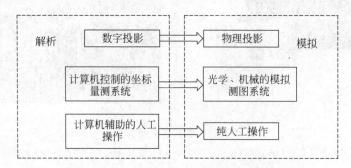

图 1.19　解析测图仪与模拟测图仪

但它们使用的都是摄影像片的正片或负片,并都需要人们手动去操纵或指挥仪器,同时也必须利用人眼通过仪器目镜进行立体观测。其产品则主要是描绘在绘图纸上的线划地图或印在相纸上的影像图,即模拟的产品(图 1.20)。当然,在模拟测图仪上附加数字记录装置,或在解析测图仪上以数字形式记录多种信息,也可以形成数字的产品。

图 1.20　解析测图仪(来自网络)

1.3.3 数字摄影测量

数字摄影测量系统也称为数字摄影测量工作站(digital photogrammetric workstation, DPW)。与模拟/解析摄影测量仪器设备相比,数字摄影测量系统更像是一台计算机,不同的只是要求立体显卡、立体显示器,同时增加立体眼镜、手轮和脚盘等输入设备。

1. 数字摄影测量的起源

摄影测量自动化是摄影测量工作者多年来所追求的理想。数字摄影测量的发展起源于摄影测量自动化的实践,即利用相关技术。最早涉及摄影测量自动化的专利可追溯到 1930 年,但并未付诸实施。直到 1950 年才由美国工程兵研究发展实验室与 Bausch and Lomb 光学仪器公司合作,研制了第一台自动化摄影测量测图仪。当时是将像片上灰度的变化转换成电信号,利用电子技术实现自动化。这种努力经过了许多年的发展历程,先后在光学投影型、机械投影型或解析型仪器上实施,也有一些专门采用 CRT 扫描的自动摄影测量系统。

与此同时,摄影测量工作者也试图将影像灰度转换成数字信号,即数字影像,然后由电子计算机来实现摄影测量的自动化过程。美国于 20 世纪 60 年代初研制成功的 DAMC 系统就是属于这种全数字自动化测图系统,它采用 Wild 厂生产的精密立体坐标仪进行影像数字化,然后用一台电子计算机实现摄影测量自动化。原武汉测绘科技大学王之卓教授于 1978 年提出了发展全数字自动化测图系统的设想与方案,并于 1985 年完成了全数字自动化测图系统 WUDAMS,后来发展为全数字自动化测图系统 VirtuoZo(图 1.21(a))。1998 年刘先林院士在解析测图仪 JX-3 基础上研制出了数字摄影测量系统 JX-4(图 1.21(b))。

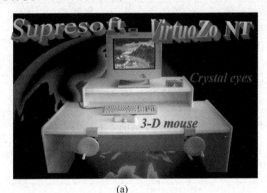　

(a)　　　　　　　　　　　　(b)

图 1.21　我国数字典型的摄影测量系统(来自网络)

(a) VirtuoZo；(b) JX-4

2. 数字摄影测量的发展

总之,计算机软、硬件技术的飞速发展,使摄影测量的功能增强、成本降低并为编制大型软件提供了平台。20 世纪 70 年代是数字摄影测量萌芽阶段；20 世纪 80 年代是数字摄影测量原型研究阶段；20 世纪 90 年代,才真正推出了可用于生产的数字摄影测量系统。

随着计算机技术及其应用的发展,以及数字图像处理、模式识别、人工智能、专家系统和计算机视觉等学科的不断发展,数字摄影测量的内涵已远远超过了传统摄影测量的范围。数字摄影测量中,不仅产品是数字的,中间数据的记录以及处理的原始资料均是数字或数字化的影像,而且产品非常丰富,应用很广泛,包括数字线划地图(digital line graphic,DLG)、GIS 数据库、大坝地形测量、水利工程选址、电力线巡航、不动产登记,以及实景三维模型等。

同时,数字摄影测量应用计算机视觉,涉及多学科,包括计算机技术、数字影像处理、影像匹配、模式识别等的理论与方法,自动或半自动地提取所摄对象的信息。当然这样一来,数字摄影测量就包含了大量繁琐的计算。如果这些计算能够在一刹那间完成,这样的数字摄影测量系统可称为实时摄影测量系统。

综上所述,数字摄影测量就是基于摄影测量的基本原理,将摄影测量的基本原理与计算机视觉结合,其核心是影像匹配与识别代替人眼的立体量测与识别,从数字/数字化影像中自动或半自动地提取所摄对象的几何与物理信息。数字摄影测量在美国等国家也称为软拷贝摄影测量,中国著名摄影测量学者王之卓教授,称之为全数字摄影测量。

在解析摄影测量向数字摄影测量发展的过渡时期,出现了许多将模拟、光机型测图仪改造成与计算机相联的计算机辅助测图系统,也有称其为数字测图系统的。所处理的依然是传统的光学像片,且仍然需要人工立体量测,计算机只是进行数据记录与辅助处理的作用。目前,国内数字摄影测量迅速发展,各大公司相继推出各具特色的数字摄影测量系统,表 1.1 列出了国内外流行的数字摄影测量系统。

表 1.1　国内外数字摄影测量系统

软件名称	国别	生产单位	创建时间	备注
VirtuoZo NT	中国	适普软件有限公司	1994 年 9 月	单机
JX-4G	中国	北京测绘科学研究院	2007 年	单机
DPGrid	中国	武汉大学	2007 年 7 月	集群式
MapMatrix	中国	武汉航天远景有限公司	2005 年	单机/集群式
JX-5	中国	中国测绘科学研究院	2016 年 5 月	集群式
PixelGird	中国	中国测绘科学研究院	2008 年 7 月	集群式
GEOWAY	中国	北京吉威时代软件股份有限公司	2000 年 8 月	集群式
DP-Model	中国	武汉天际航信息科技股份有限公司	2011 年 8 月	倾斜摄影测量
LensPhoto	中国	武汉朗视软件有限公司	2006 年 10 月	多基线数字近景摄影测量系统
Pix4D	瑞士	瑞士 Pix4D 公司	2011 年	无人机测绘和摄影测量软件
Inpho	美国	Trimble 公司	1993 年	
Pixel Factory	法国	法国信息地球公司（INFOTERRA）	2007 年 5 月白皮书时间	
Smart3D(CC)	法国	法国 Acute3D 公司	2013 年	倾斜摄影测量
ImageStation SSK	德国	Z/I Imaging 公司	1994 年 9 月	个人/PC 级的摄影测量系统
LPS	德国	徕卡公司	2003 年 11 月	ERDAS 子模块
PhotoScan	俄罗斯	俄罗斯 Agisoft 公司	2006 年	

1.3.4　三个摄影测量发展阶段的特点对比

数字摄影测量与模拟、解析摄影测量的最大区别包括 5 个方面:数字摄影测量处理的原始资料是数字影像或者数字化影像;其测图仪器即数字摄影测量系统为计算机系统,只是在通用计算机基础上增加了相应外部设备；立体观测则以计算机视觉代替了人眼的立体观测,因此需要配备立体眼镜；测量系统能够半自动量测和解译地物,且记录是完全自动的；输出产品是数字的形式。表 1.2 从原始资料、投影方式、观测仪器、操作方式及输出产品等 5 个方面,对摄影测量三个发展阶段的特点进行了对比。

表 1.2　摄影测量三个发展阶段特点比较

发展阶段	原始资料	投影方式	观测仪器	操作方式	输出产品
模拟摄影测量	像片(模拟影像)	物理投影	模拟测图仪	手工操作	模拟产品
解析摄影测量	像片(模拟影像)	数字投影	解析测图仪	作业员计算机辅助操作	模拟产品/数字产品
数字摄影测量	数字化影像数字影像	数字投影	计算机系统	自动化操作+作业员干预	模拟产品/数字产品

另外,在摄影测量三个发展阶段的测图仪器外形变化比较显著,但有些设备依然保留,如手轮与脚盘等输入设备。当然,现代数字摄影测量可以用三维鼠标代替或者直接利用通用的鼠标进行测图,但一般工作效率还是不及手轮脚盘。

1.4　摄影测量学新发展

1.4.1　摄影测量学新的发展方向

摄影测量简单地讲就是通过摄影进行测量,通过二维影像重建三维立体模型,然后进行立体量测和解译从而获得物体的几何与物理信息。由于实现摄影测量的技术手段不同,传统摄影测量经历 3 个发展历程,测图仪器软硬件设备也经历了三次大的变革。除了要求立体显卡、立体显示器、立体眼镜和手轮与脚盘外,当前的数字摄影测量系统更像是一台计算机。

近年来,摄影测量学出现了新的发展方向,主要包括像素工厂、多基线摄影测量、无人机摄影测量、激光雷达、倾斜摄影测量和贴近摄影测量等。

1. 像素工厂

像素工厂简称 PF(pixel factory),是当今世界一流的摄影测量与遥感影像自动化处理系统,集自动化、并行处理、多种影像兼容性、远程管理等特点于一身,主要用于地形图测绘、城市规划、城市环境变化监测等。第一台像素工厂是由法国地球信息(INFOTERRA)公司研制开发,价格大约在 1000 万人民币左右。中国工程院院士、武汉大学教授张祖勋提出的像素工厂称为 DPGrid,打破了传统的摄影测量流程。2007 年 DPGrid 通过国家鉴定,为数字摄影测量的新一轮跨越式发展奠定了基础。其功能主要有:

1) 一键式智能处理

采用改进的影像匹配算法,实现了自动空三、自动 DEM 与正射影像生成,自动化程度大大提高。

2) 多机协同作业

相比传统的仅仅是一个作业员作业平台的数字摄影测量工作站,DPGrid 能够实现多机协同作业。

3）高性能集群

利用单台计算机几分钟内可以完成100多幅影像全自动处理，包括全自动空三等。

4）多特征联合平差

利用多特征联合平差，可明显提升区域网平差精度及可靠性。

另外，中国测绘科学研究院的刘先林院士团队，自主研发的像素工厂 PixelGrid，获得2009年度国家测绘科技进步一等奖。这些像素工厂系统的出现，标志着摄影测量的发展又进入一个新阶段，即网格摄影测量。

2. 多基线摄影测量

张祖勋院士提出的多基线摄影测量，以多基线的计算机视觉原理，代替单基线的人眼双目视觉，将空间一个点由两条光线交会的传统的摄影测量基本法则，变化为空间一个点由多条光线交会而成的全新概念。2006年，武汉朗视软件有限公司推出了 Lensphoto 多基线数字近景摄影测量系统。它能利用普通单反数码相机快速精密三维重建，在地质矿山测量、数字文博、城建规划等领域具有广泛应用。

3. 无人机摄影测量

近年来，随着无人机与数码相机技术的发展，无人机摄影测量（又称无人机测绘或无人机航测）成为一个崭新发展方向，在灾害应急与处理、国土监察等方面具有广阔的应用前景。相比卫星摄影测量和有人机航空摄影测量，无人机摄影测量的优势主要体现在：机动灵活，受气候条件影响较小；对起降场地的要求限制较小（图1.22），空域申请便利，效率高而低成本等。

图1.22　各种无人机机型（来自网络）

4. 激光雷达

传感器发射激光束，反射能量被传感器接收并记录，通过激光探测与距离测量，直接采集三维点云信息，便于三维重建。同时，激光雷达通常携带高分辨率数码相机，通过影像与激光点数据整合处理后可以得到 DEM 与 DOM 数据。

近年来，在传统垂直摄影测量基础上还出现了其他两种摄影测量方式：倾斜摄影测量和贴近摄影测量。

5. 倾斜摄影测量

倾斜摄影技术最早可以追溯到第一次世界大战，近十几年发展较为迅速。摄影时同时获取垂直与倾斜的摄影像片，从多个不同视角同步采集地物影像，不仅能够真实地反映地物几何特征，高精度地获取地物纹理信息，还可生成真实的三维纹理城市模型，即实景三维模型，大大降低了传统三维模型数据采集的经济和时间代价（图1.23）。同时，倾斜摄影测量还可以真正实现裸眼观察三维模型及立体量测，摆脱了传统摄影测量对立体眼镜的依赖。

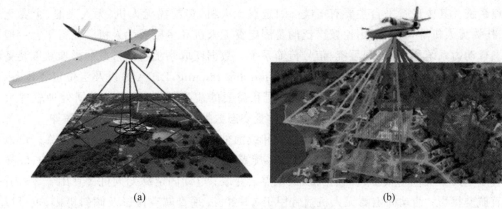

图 1.23 倾斜摄影与垂直摄影
（a）垂直摄影；（b）倾斜摄影

　　自然资源部在 2019 年全国国土测绘工作座谈会上透露，实景三维中国建设将成为"十四五"基础测绘的重点关注方向。重庆市历时三年完成了全市域多源多尺度实景三维建设。实景三维已经广泛应用于应急指挥、国土安全、城市管理、房产税收等行业。

6. 贴近摄影测量

　　贴近摄影测量是张祖勋院士团队于 2019 年提出的第三种摄影测量方式。利用旋翼无人机，贴近物体表面摄影（一般 5～50m）获取亚厘米级高清影像，恢复被摄对象的精确坐标和精细形状结构。由于具有高度还原地物地貌本身精细结构的特点，贴近摄影测量可用于城市精细重建、古建筑重建等方面，如图 1.24 所示。

图 1.24 贴近摄影测量（来自张祖勋院士团队成果）

1.4.2 无人机测绘及应用

　　无人机航测技术因其特有的优势近些年发展极为迅速，下面将从 4 个方面进行介绍：无人机航测系统组成、无人机航空摄影作业流程、无人机航测技术特点和无人机航测技术应用。

1. 无人机航测系统组成

　　无人机航测系统组成按照功能分为 3 个主要部分：飞行平台、数据获取系统以及数据处理系统。其中飞行平台主要有五类：固定翼无人机、多旋翼无人机、无人飞艇、伞翼无人机、扑翼无人机等，其中应用比较广泛的是固定翼无人机和多旋翼无人机。飞行平台一般包含飞行动力系统、飞行控制系统、信号传输系统。数据获取系统包括搭载的影像获取装备相机或者专业设备如激光扫描仪(light detection and ranging，LIDAR)以及定位定姿设备，如GNSS接收机、POS系统等。由于获得数据和需要的成果不同，采用的数据处理软件大不相同，一般分为影像处理、点云数据处理、位置姿态数据处理以及视频数据处理等。

用于航测的无人机最关键的是其载荷和续航能力，这直接影响到飞行的效率。可以根据任务需要选择无人机的飞行参数，通常多旋翼无人机适宜用于空间分辨率为 2～5cm 的垂直航空摄影及倾斜摄影、视频拍摄、激光点云获取；电动固定翼无人机适宜用于 3～10cm 垂直航空摄影；油动固定翼无人机适宜用于 5～20cm 垂直航空摄影及倾斜摄影，也可以用于激光点云获取；无人直升机适宜用于 2～10cm 垂直航空摄影及倾斜摄影、视频拍摄、激光点云获取。

2. 无人机航空摄影作业流程

无人机航空摄影作业流程一般包括以下 6 个步骤：航测设计及空域申请、航空摄影和地面控制点布设及测量(这两个步骤可以同步进行)、空三加密、产品制作和成果输出。

航测设计主要涉及 4 方面：无人机的选择、相机的选择及设置、航飞方案的设计、航飞前的准备和实施。无人机的选择一般考虑其续航能力和有效载荷，即能够飞行多长时间以及能够载重多少；选择相机的时候一般还要考虑相机本身的像元尺寸和像幅大小，同时要考虑镜头焦距的长短；航飞方案设计一般要结合地形资料考虑航高、重叠度、分区情况以及天气影响等。

航空摄影主要分 3 个阶段：起飞前需要进行设备组装、检查、启动；航测过程中主要包括起飞、作业、降落；航测完成后需要检查维护和下载数据。控制点布设原则：一般要求均匀布设，边角加密，大面积弱纹理区域(水域、森林、农田)边界加密。地面标志形状有三角标、圆形标、十字标，颜色可选择白色或者蓝色。控制点量测一般有两种：基础控制测量和像控点测量，一般只需进行像控点测量，基本采用网络实时动态定位＋似大地水准面精化高程的方式。空三加密是利用立体像对中影像的内方位元素、同名像点坐标、少量地面控制点坐标以及摄影时刻像片的粗略外方位元素等已知条件，解算出地面未知点坐标或像片精确外方位元素的过程。以上这些内容是摄影测量学的基础理论，将在后面章节详细讲解。

不同空三软件的具体流程不同，其技术解决方案也不同，但概括起来主要有数据准备、自动匹配与构网、控制点转刺、构建控制网、成果输出等几个过程。无人机测绘能够生产基础地理信息 3D 产品。数字正射影像(DOM)产品制作一般流程包括：导入空三成果、生成粗的数字高程模型(DEM)、数字微分纠正、正射影像镶嵌匀色、DOM 裁切、检查及成果输出。DOM 产品制作的常见问题是自动匹配的精度不够，这时需要借助自动或者半自动的方式重新生成 DOM。数字摄影测量中数字高程模型获取通常是通过自动的空三流程获取空三加密点，通过空三加密点构建不规则三角网(triangulated irregular network，TIN)或者规则网格形成 DEM，但是这样形成的模型需要进行检查，对精度不满足的地方需要进行人工特征线、特征点采集等编辑工作获得满足精度要求的 DEM 数据。基于无人机数据的数字线划图(DLG)制作采用的方法是用数字摄影测量立体采集，一般需要立体测图、外业调绘、数据编辑和检查等程序。其他成果的生产这里不再一一介绍，除了生产所需的 3D 产品外,还有一些辅助的成果例如照片、视频等。

3. 无人机航测技术特点

无人机航测技术特点很突出,其优点和缺点都非常明显。优点在于使用成本低、机动灵活、受地面空间和气候影响非常小、载荷多样性、操作简单等。无人机可以滑跑、弹射、垂直等简单的方式起飞(图1.25)。无人机测绘的缺点是相机畸变大、影像像幅小、像片数量多、基高比小等。由于无人机影像幅面小,无人机航摄像片数往往数倍于常规航摄像片数,摄影测量加密的像片连接点数也常常几倍于常规航空摄影测量。

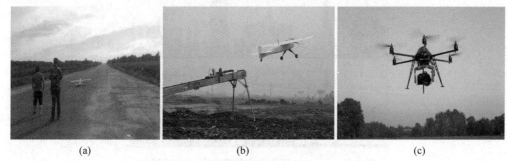

(a)   (b)   (c)

图1.25　几种典型的无人机起飞方式(来自网络)

(a)固定翼无人机滑跑起飞;(b)固定翼无人机弹射起飞;(c)多旋翼无人机垂直起降

4. 无人机航测技术应用

无人机技术应用非常广泛,涉及各个领域如应急测绘等,除了可以第一时间获取影像资料外,还可直接参与救援。在监测方面,发生地质灾害这种对人类来说高风险区域,采用无人机航测技术特别方便。另外,无人机测绘在违章建筑监测特别是城市小面积的违法用地管理上发挥着重要的作用;无人机航测技术为环境保护提供监测证据;海岛、矿山测量、电力巡检都已经离不开无人机航测技术(图1.26);农业无人机辅助管理、施肥等大大提高了生产效率。总之,无人机技术的应用非常广泛。

(a)   (b)   (c)   (d)

图1.26　无人机应用(来自网络)

(a)应急测绘保障;(b)违章建筑监测;(c)环保监测;(d)电力巡线

1.4.3　倾斜摄影测量及应用

倾斜摄影测量近年来发展快速,下面将从以下几个方面进行介绍:倾斜摄影测量基本原理、软硬件发展历程、倾斜摄影技术流程、倾斜摄影成果及应用以及倾斜摄影测量的展望。

1. 倾斜摄影测量基本原理

如图 1.27 所示,传统的摄影测量主要采用垂直摄影,仅对地形地物顶部区域有较好的信息获取能力,而对侧面纹理和其三维几何结构等信息获取十分有限。倾斜摄影的出现弥补了传统垂直摄影的信息盲区,不仅能够对地物侧面提供大量的信息描述,基于倾斜摄影构建的真三维模型还给我们呈现了一个更符合大众视觉体验的虚拟世界。

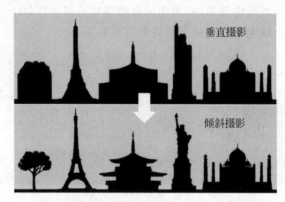

图 1.27 倾斜摄影与垂直摄影比较(来自网络)

倾斜摄影测量基本原理是:在飞行平台上搭载多台传感器,同时从垂直和倾斜不同方向采集地面目标的影像,以获得目标地物完整、准确的纹理信息,其核心是通过传感器获取目标区域全方位的影像或点云信息。简单地说,倾斜摄影测量就是除了获取垂直摄影外还获得倾斜影像,而倾斜影像是相机主光轴有一定倾斜角时拍摄的影像,按照倾角大小可以分为垂直、轻度倾斜、高度倾斜、水平视角等。

2. 软硬件发展历程

倾斜摄影测量的发展离不开科技的进步,直接的表现就是软硬件的快速发展。早在第一次世界大战期间,就有飞行员用一种叫作 Graflex 的相机拍摄倾斜航空影像用于战场侦察。早期的倾斜相机受材质的影响都比较笨重,从而限制了其应用;1904 年将八镜头相机搭载在飞艇上用于航空摄影;1926 年研制的九镜头相机用于测量南极;20 世纪 30 年代 Fairchild T-3A5 相机系统创新性地采用了一个垂直相机和四个倾斜相机组成的马耳他十字结构(Maltese cross),这也是现在主流倾斜摄影测量相机设备结构。

下面,简单介绍一下现在主流的两套国外倾斜摄影相机。徕卡 RCD30 oblique 倾斜相机具有 8000 万像素,主要特点是可随意切换成三视模式或五视模式,三视模式时镜头倾斜角为 45°,五视模式时镜头倾斜角为 35°,下视影像与倾斜影像间均有重叠(图 1.28(a))。微软 UltraCam Osprey 倾斜相机有 4 个下视镜头和 6 个倾斜镜头,其下视全区域视场角在旁向和航向分别为 69°和 48°;倾斜旁向视场角可达 115.4°,航向视场角可达 107°;倾斜左、右视域均与下视域具有一定的重叠(图 1.28(b))。

图 1.29 是两款国产的倾斜摄影相机设备。四维远见 SWDC-5 倾斜相机由 1 个下视镜头和 4 个倾斜镜头组成,共有 1 亿个像素。其特点是相机焦距可选,倾斜角(如 45°)可定制,最短曝光时间为 0.8s。中测新图 TOPDC-5 倾斜相机也是由 1 个下视镜头和 4 个倾斜镜头组成,共 8000 万个像素,其特点与 SWDC-5 差不多,最短曝光时间稍微长一些(3.5s)。

目前,还有一些小型的倾斜相机可搭载在无人机上,包括红鹏的小金牛倾斜相机、大势

图 1.28　国际两款主流的倾斜摄影相机

（a）徕卡 RCD30 oblique 倾斜相机；（b）微软 UltraCam Osprey 倾斜相机

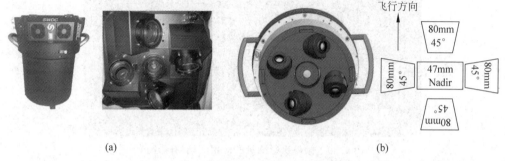

图 1.29　国内两款主流的倾斜摄影相机

（a）四维远见 SWDC-5 倾斜相机；（b）中测新图 TOPDC-5 倾斜相机

智慧双鱼倾斜相机、中海达 Q5 倾斜相机等。在倾斜摄影测量数据处理软件方面，主要有美国的 Smart3D(Context capture)、3D MAX、PhotoScan，法国的街景工厂（Street Factory），瑞士的 Pix4D，以及中国的 DP-Modeler 等。

3. 倾斜摄影技术流程

倾斜摄影技术流程与传统摄影测量技术流程有很大的相似之处，同样包括航摄设计、空域申请、摄影、像控点布设及测量、空三加密等。根据倾斜相机的不同，较为成熟的倾斜摄影测量数据获取方案分为 3 种：第一种是大型航空器或直升机＋大型机载倾斜相机；第二种是直升机或轻型机＋中型倾斜相机；第三种是无人机＋轻型倾斜相机，其中第三种方式已成为倾斜摄影测量的主流。

倾斜摄影测量技术处理的不同之处在于，由于所需成果的不同导致产品加工程序有所差异。总之，倾斜摄影测量需要三维重建、三维一体化模型、单体化建模等程序。数据处理通常要考虑两个方面：一是倾斜摄影测量数据处理软件；二是支持软件所需的硬件设备条件。通常倾斜摄影测量对计算机性能要求比传统摄影测量高。下面以 Smart3D 软件为例说明倾斜摄影测量数据处理程序。

Smart3D 实景建模大师的两大模块是 Smart3D 实景建模大师主控台与 Smart3D 实景建模大师引擎端。它们都遵循主从模式，实景建模大师主控台是 Smart3D 实景建模大师的主要模块，可以通过图形用户接口向软件定义输入数据，设置处理过程、提交过程任务、监控这些任务的处理过程与处理结果可视化等。自动建模数据处理流程包括以下 6 个步骤：新建工程、数据导入、控制点影像关联、提交空三任务、提交重建任务和成果提交。在倾斜摄影测量流程中，单体化建模相对要复杂一些，需要加入实景模型数据进行单体处理，这里暂不展开讨论。

4．倾斜摄影成果及应用

倾斜摄影成果比较直观，如图 1.30 所示是某建筑小区整体效果图。如果对模型进行放大，则能够更为清晰地了解各个商铺情况。还可以利用三维模型展现建筑物单体效果，广场整体效果，以及不规则建筑物等实景三维效果。同时，这些成果可继续深加工成我们所需的4D 产品。在应急指挥、模拟飞行、不动产登记、户籍管理、空间规划、交通导航、水利建设、景区管理等各个领域具有广泛的应用。

图 1.30　倾斜摄影测量的应用实例（有彩图）

5．倾斜摄影测量的展望

倾斜摄影测量近年来发展较为迅猛，将在以下几个方面进一步发展，包括空-地数据联合配准；纹理单一影像匹配；"半自动交互式精修重建工具"开发；提高不规则模型还原度；优化关键环节，提高处理效率等。相信不久的将来随着软硬件技术的进步，倾斜摄影测量应用越来越普及，将服务于更多行业与领域，而应用领域的创新将是倾斜摄影测量市场不断发展壮大的关键所在。

1.5　当代数字摄影测量一些典型问题

数字摄影测量广泛应用计算机技术、数字图像处理、模式识别、人工智能等技术，将摄影测量与计算机视觉等技术相结合，其内涵已远远超过了模拟摄影测量与解析摄影测量的范围。因此，当代数字摄影测量将面临辐射信息、数据量与信息量、速度与精度、自动化与影像匹配、影像解译等典型的问题。

1．辐射信息

一幅影像上的辐射能量称为灰度值或光谱信息，是地物几何与物理属性的函数。辐射信息包含地表的四维信息，可用 DN 来表示，即

$$DN = f(\Delta\lambda, x, y, z)$$

其中，$\Delta\lambda$ 表示地物辐射信息，包括光谱、纹理特征等；(x, y, z) 表示地物的三维坐标。如图 1.31 所示为红树林在三个不同波段的影像特征。

解析摄影测量和模拟摄影测量所用的像片资料都是模拟或光学的，因此无法精确地测量辐射信息，对影像辐射信息的利用也是极其简单的光学处理，如利用加强光源对其增强等。在这两个摄影测量学的发展阶段，利用影像对地物的识别都是由人眼与脑进行。

绿波段　　　　　　　　　红波段　　　　　　　　近红外波段

图 1.31　影像辐射信息

数字影像是当代数字摄影测量主要的数据资料。数字影像为立体像对的数据处理提供了方便,如比较容易实现对运动引起的影像模糊的消除,影像也可以按所需要的任务方式进行辐射校正、反差增强、多影像分析与模式识别等。值得一提的是数字影像的辐射信息在摄影测量中变得非常重要,不仅要求自动测定目标点的三维坐标,还要通过目标点的纹理等特征实现摄影测量的自动化。

2. 数据量与信息量

"像素"是数字影像的基本单元,是对地表信息的离散化表达,包括采样和量化过程。采样是对空间信息的离散化,其尺寸大小确定了像素的间隔,决定了影像空间分辨率,比如 2m 或 10m 等。量化是对像素内所包含辐射信息或属性值的离散化,确定了像素从黑到白的灰度级别数,决定了影像辐射分辨率,比如 8 位影像表示将辐射信息从黑到白分为 256 级,11 位影像则分为 2048 级。

因此,数字影像的数据量和信息量均受像元大小和像元灰度级数的限制。当然如果是多光谱影像,其数据量和信息量还会受影像波段数目的影响,如一幅 IKONOS 影像可能包含 1.6G 的字节。因此,"数据量大"是全数字摄影测量的一个特点与问题,要处理这样大的数据量,必然依赖于计算机的发展。

另外,传统的航空测量在航向上的重叠度一般要求 60%,旁向重叠度一般要求 30%。但是对于计算机自动化处理来说,这些影像重叠度几乎没有多余观测,对自动提取地物非常不利。因此,当代数字摄影测量在摄影时要尽量提高像片重叠度,如无人机航向重叠度常常在 80% 左右,旁向重叠度可达到 60% 左右。很多卫星立体像对的航向重叠甚至高达 90% 左右,如 Woldview-2 立体像对。这样一来,又大大地提高了数字摄影测量的数据量。

3. 速度与精度

对影像进行量测是摄影测量的基本任务之一,用于单像量测的"高精度定位算子"和用于立体量测的"高精度影像匹配"的理论与实践是数字摄影测量的重要发展,也是摄影测量对"数字图像处理"所做的独特贡献。影像匹配也叫同名点寻找,是利用计算机自动或半自动地在数字影像之间确定同名点的过程。目前,数字摄影测量无论量测的速度还是精度都很高。现在无论是高精度定位算子还是高精度影像匹配,其理论精度均可高于 1/10 像素,达到所谓子像素级的精度。例如,利用单台计算机几分钟内可以完成 100 多幅影像全自动处理,包括全自动空三等处理过程,这种数据处理速度是模拟/解析摄影测量时代人工量测无法比拟的。

4. 自动化与影像匹配

自动化是当代数字摄影测量最突出的特点,影像匹配是实现自动立体量测的关键,也是数字摄影测量的重要研究课题之一,贯穿于数字摄影测量处理的整个过程,包括内定向、相对定向、绝对定向和空三转点等。

目前,数字摄影测量已经进入到网格摄影测量时代。张祖勋院士团队的 DPGrid 采用改进的影像匹配算法,实现了自动空三、自动 DEM 与正射影像 DOM 生成,自动化程度大大提高,基本实现了一键式智能处理。另外,利用多特征联合平差等匹配方法可明显提升区域网平差精度及可靠性。

5. 影像解译

数字摄影测量的基本范畴还是确定被摄物体的几何与物理属性,即量测与理解。前者已经达到了实用阶段,后者尚处于研究阶段。但其中某些专题信息,如对居民地、道路、河流等地面目标的自动识别与提取,主要是依赖于对影像结构与纹理的分析,这方面已经有了一些较好的研究成果。总之,数字摄影测量在影像解译方面还有待进一步发展。

习题与思考题

1. 摄影测量思想来源于普通测量学中的前方交会,但又不同于前方交会。请阐述它们之间的区别与联系。

2. 实现摄影测量的两个关键技术是什么? 由于不同历史阶段,完成这两项关键的技术手段不同,摄影测量经历了三个发展阶段。那么每个发展阶段是如何实现这两个关键技术的?

3. 当代数字摄影测量面临哪些问题? 试论述辐射信息对当代摄影测量有何重要意义?

第 **2** 章

单幅影像解析基础

2.1 航空摄影像片

2.1.1 航空摄影机

1. 光学航空摄影机

空中摄影是摄影测量的重要组成部分,而航空摄影机(又称航摄相机)则是摄影的关键,主要包括光学航空摄影机和数码航空摄影机两种,它们都属于量测相机。

焦距、像幅大小、像场角等技术参数是比较相机优劣的基础数据。主光轴是通过透镜两个球面球心的直线,控制着摄影的方向。将主光轴与铅垂线夹角小于 3°的摄影,称为垂直摄影或竖直摄影。传统摄影测量一般是垂直摄影。主光轴与像平面的交点称为像主点,一般在像片的几何中心(图 2.1)。摄影时摄影机物镜都是固定调焦于无穷远点处,因此,像距是一个不变的定值,几乎等于摄影物镜的焦距,也称为像片主距。

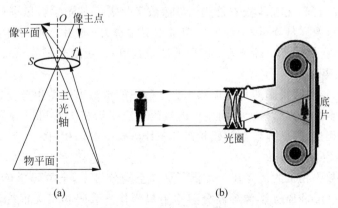

图 2.1　摄影相机主要参数

(a) 摄影相机主要参数；(b) 像距与物距

一般航摄像片上有两种框标:机械框标位于像片四边,而光学框标位于像片的四角,如图 2.2 所示。两机械框标连线正交,所组成的坐标系称为框标坐标系,交点称为坐标系原点,其位置接近像主点(图 2.3)。

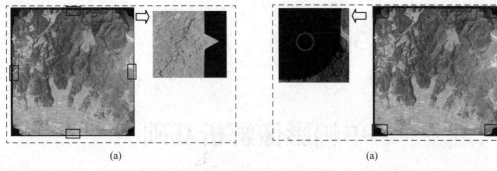

(a)   (a)

图 2.2　航摄像片框标

（a）机械框标；（b）光学框标

将像片主距 f 和像主点 o 在框标坐标系下的坐标 (x_0,y_0) 统称为摄像机的内方位元素，或叫像片的内方位元素。一般情况量测摄影机的内方位元素是已知的。

常见的光学航空摄影机获取像片的像幅有 18cm×18cm、23cm×23cm、30cm×30cm。按摄影机物镜的焦距和像场角进行分类，航摄相机可分为短焦距航摄机、中焦距航摄机和长焦距航摄机，各相机参数如表 2.1 所示。

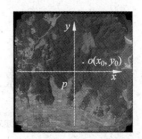

图 2.3　航摄像片的像主点

表 2.1　航摄相机焦距与像场角参数

相机名称	焦距 f	像场角 2β
短焦距航摄机	$f < 150\text{mm}$	$2\beta < 100°$
中焦距航摄机	$150\text{mm} < f < 300\text{mm}$	$70° < 2\beta < 100°$
长焦距航摄机	$f > 300\text{mm}$	$2\beta \leqslant 70°$

尽管光学航空摄影机应用广泛，然而其存在以下不足：对天气条件要求较高；底片冲洗需要暗室、需要时间，无在线查看能力；影像数字化需要对光学影像进行扫描，扫描数字化时间长且使得影像质量降低，影像的后期拼接费时费力；像片运输、存档不便；胶片随时间推移容易变质，影像质量不断下降；影像的波段数单一（灰度或彩色）等。

2. 数码航空摄影机

自从在 2000 年国际摄影测量和遥感大会上数码航空摄影机亮相至今，数码航空摄影机已经逐步取代光学航空摄影机。目前生产的数码航空摄影机大致可以分为以下三种类型：单面阵航空数码相机、多面阵航空数码相机和三线阵航空数码相机。

1）单面阵航空数码相机

单面阵航空数码相机的优势在于提供了更高空间分辨率，全数码彩色影像清晰度高于 IKONOS 影像和 QuickBird 影像等高分辨率卫星影像。数码相机无框标但像元行列排列非常规则，不需要进行内定向处理过程。

有的系统还装有高精度全球定位系统（GPS）和惯性测量装置（IMU），可以提供较高精度的像片外方位元素。单面阵航空数码相机影像幅面小，像素通常为 4k×4k 左右（4k×4k 表示水平与垂直方向的像素数能达到 4000 像素的数量级），非常适用于进行城市大比例尺的三维建模等应用。表 2.2 为美国 EQ-90mm-CLR 相机参数。

表 2.2　美国 EQ-90mm-CLR 相机参数

相 机 名 称	EQ-90mm-CLR
相机焦距	91.729mm
像幅尺寸	3.69cm×3.69cm
视场角	30.5°
像元行列数	4096×4096
校准精度	REMS<0.5 个像素
数据格式	TIFF(ERDAS 的金字塔结构)
影像类型	8b 全色影像

2) 多面阵航空数码相机

由于技术原因直接生产 23cm×23cm 大像幅的电荷耦合器(charge coupled device, CCD)还具有一定的困难,因此大多数产品的大面阵是由多个小面阵合成的,具有代表性的多面阵航空数码相机产品有美国的 DMC 和奥地利的 UltraCamd(UCD)/UCX。

DMC 和 UCD 均由 4 台黑白影像的全色波段(pan)相机、4 台多光谱相机(红、绿、蓝及近红外)组成。4 台全色相机倾斜安装且互成一定角度,各影像之间有一定的重叠度。DMC(图 2.4(a))摄影时各影像同时曝光,各子影像通过后处理和拼接后生成模拟中心投影的影像,因此不是严格的中心投影而是经过辐射与几何纠正的拼接影像。UCD(图 2.4(b))结构类似于 DMC,但曝光按照先中心、后四角、再上下、最后左右的顺序依次曝光,共生成 9 张黑白影像,最后生成一张完整的中心投影影像。

目前,多面阵航空数码相机 DMCⅢ 相机(图 2.4(c)),其像素大小为 3.9μm,焦距为 92mm,影像尺寸为 26000×15000 像素,是当前国际上较先进的大面阵框幅式相机。

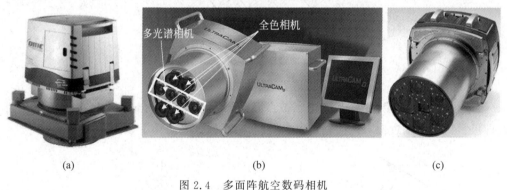

图 2.4　多面阵航空数码相机

(a) DMC;(b) UCD;(C) DMCⅢ

3) 三线阵航空数码相机

ADS40 是由徕卡公司和德国航天中心共同开发的,利用三线阵中心投影的 CCD 相机,能够为每一条航带连续地获得不同投影方向影像。摄影方向一般分为前视、后视和下视,每个摄影方向搭载不同波段,包括全色波段、红、绿、蓝和近红外波段的影像。因此 ADS40 中任何两张不同投影方向的影像,不论属于哪个波段都可以构成立体像对(图 2.5(a))。

新一代 ADS80(图 2.5(b))集成了 GPS 和 IMU,其成果可以直接用于测绘生产作业,最大限度地减少了外业控制测量工作,提高了工作效率和成果质量。相比传统框幅式相机,ADS80 能够极大地优化外业控制点布设方案。

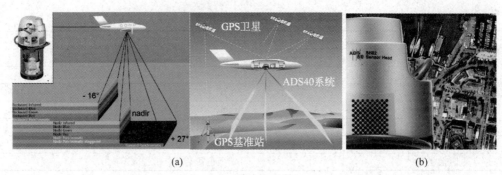

图 2.5　三线阵航空数码相机

(a) ADS40；(b) ADS80

2.1.2　航摄像片

摄影测量以影像为基础,是在影像上对物体进行量测与判读,因此对影像具有严格要求。传统摄影测量对航摄像片的要求主要包括 6 个方面:空中摄影要按航摄计划进行、摄影比例尺的选择、航高差异要求、像片重叠度规定、航带弯曲和像片旋偏角。

1. 空中摄影要按航摄计划进行

如图 2.6 所示,为了测绘地形图、获取地面信息,确保航摄像片质量,空中摄影要按航摄计划要求进行。在整个摄区,飞机要按规定的航高和设计的方向呈直线飞行,并保持各航线相互平行。

图 2.6　空中摄影

影像获取的每一曝光瞬间,如图 2.7 所示,传统摄影测量的航摄像机采用垂直摄影方式,即摄影机主光轴近似与地面垂直,主光轴与铅垂线的夹角小于 3°。

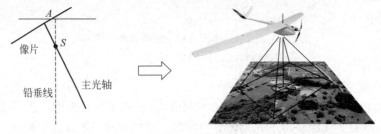

图 2.7　垂直摄影

2. 摄影比例尺的选择

摄影比例尺是指航摄像片上一线段 l 与相应地面线段 L 长度之比。但由于航摄像片具有一定倾角,尤其是拍摄区域地形往往有起伏,所以实际摄影比例尺不统一,在像片上处处不相等。因此,通常摄影比例尺指的是像片上的平均比例尺,即摄影像片为水平像片,地面

取平均高程,计算公式为

$$1/M = l/L = f/H \tag{2-1-1}$$

式中:M 为像片比例尺分母;f 为摄影机主距;H 是摄影机物镜相对于某一基准面的高度,常称为摄影航高,实际上是相对航高。航高分为相对航高和绝对航高。绝对航高是以平均海平面为基准的,指的是摄影物镜的海拔高度,这两种航高可以换算。

一般而言,摄影比例尺越大像片空间分辨越高,有利于影像的解译及提高成图精度。但摄影比例尺过大,会增加费用及工作量。在实际生产中,摄影比例尺的选取要以成图比例尺、摄影测量内业成图方法和成图精度等因素来考虑选取,另外还要考虑经济性和摄影资料的可使用性。航空摄影比例尺与成图比例尺的关系可参考表 2.3 中的经验值。

表 2.3 航空摄影比例尺与成图比例尺的关系

比例尺类型	航空摄影比例尺	成图比例尺
大比例尺	1∶2000～1∶3000	1∶500
	1∶4000～1∶6000	1∶1000
	1∶8000～1∶12000	1∶2000
中比例尺	1∶15000～1∶20000	1∶5000
	1∶10000～1∶25000	1∶10000
	1∶25000～1∶35000	
小比例尺	1∶20000～1∶30000	1∶25000
	1∶35000～1∶50000	1∶50000

3. 航高差异要求

空中摄影的成果是摄影测量的基本原始资料,其质量的优劣直接影响摄影测量过程的繁简、成图的工效和精度。因此,摄影测量要对空中摄影提出一些质量要求,包括摄影质量和飞行质量的基本要求。

当选定了摄影机和摄影比例尺后,比例尺分母 m 和摄影主距 f 为已知。航空摄影时就要按航线设计航高 H 飞行。但由于空中气流或其他因素的影响,飞行中很难精确固定航高,但要求航高差异一般不得大于 5%。同一条航带内最大航高与最小航高之差不得大于 $30\mathrm{m}$,整个摄影区域内,实际航高与设计航高之差不得大于 $50\mathrm{m}$。

4. 像片重叠度

为了便于立体测图及航线间的接边,要求像片间有一定的重叠。同一航线内相邻像片之间的影像重叠称为航向重叠(图 2.8(a)),重叠部分与整个像幅长的百分比称为重叠度,一般要求在 60% 以上。两条相邻航带像片之间也需要有一定的影像重叠(图 2.8(b)),这种影像重叠称为旁向重叠,旁向重叠度要求 30% 左右。即

$$航向重叠度 = \frac{p_x}{L_x} \times 100\% \tag{2-1-2}$$

$$旁向重叠度 = \frac{p_y}{L_y} \times 100\% \tag{2-1-3}$$

摄影像片的重叠部分是立体观察和像片连接所必需的条件。在航线方向必须要求三张相邻像片有公共重叠影像,这一公共重叠部分称为三度重叠部分,这是摄影测量选定控制点的要求,因此三度重叠中的重叠部分不能太小。其中像片最边缘部分影像清晰度很差,会影

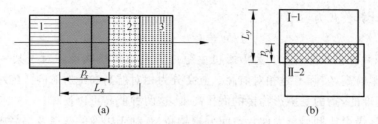

图 2.8　摄影像片重叠度

（a）航向重叠；（b）旁向重叠

响量测的精度。当代数字摄影测量要求像片重叠度更高，航向重叠度常常在 80% 左右，旁向重叠度也可达到 60% 左右。

5. 航带弯曲

如图 2.9 所示，把一条航线的航摄像片根据地物影像拼接起来，各张像片的像主点连线不在一条直线上而呈现为弯弯曲曲的折线，称为航线弯曲。航线弯曲程度通常用航带弯曲度来描述，定义为航带两端像片主点之间的直线距离 L 与

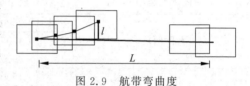

图 2.9　航带弯曲度

偏离该直线最远的像主点到该直线垂距 l 比的倒数，一般采用百分数表示，即

$$R\% = l/L \times 100\% \tag{2-1-4}$$

那么航线弯曲有什么危害呢？测区内航带弯曲度会影响到航向重叠、旁向重叠的一致性，如果航线弯曲太大则可能会产生航摄漏洞，甚至影响摄影测量的作业。因此航带弯曲度一般规定不得超过 3%。

6. 像片旋偏角

相邻两像片的像主点连线与像幅沿航带飞行方向的两框标连线之间的夹角，称为像片的旋偏角，习惯用 κ 表示，如图 2.10 所示。像片旋偏角是由于摄影时航摄相机定向不准确而产生的，其大小不仅会影响像片的重叠度而且还会给航测内业增加困难。因此，像片的旋偏角一般要求小于 6°，个别最大不应大于 8°，而且不能连续三张像片有超过 6°的情况。

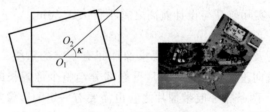

图 2.10　像片旋偏角

2.2　航摄像片的几何特征

2.2.1　中心投影

上一节认识了传统摄影测量对航摄像片的要求，接下来开始学习航摄像片的几何特征，包括投影、像点位移和比例尺。这节课重点讲述航摄像片的投影。

1. 投影

什么是投影？如图 2.11 所示，所谓的投影就是用一组假想的直线，将物体向几何面投影，其投射线称为投影射线。投影的几何面通常取平面，称为投影平面。在投影平面上得到的图形，称为该物体在投影平面上的投影。其实投影在生活中司空见惯，比如太阳或灯光下人们自身产生的影子，小时候人们经常玩这种影子游戏。一些多媒体教室用的也是投影，利用投影屏幕将老师的教案放大便于学生学习。

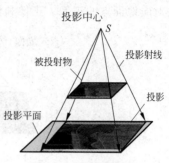

图 2.11　物体的投影

投影分为中心投影与平行投影两类，而平行投影中又有斜投影与正射投影之分（图 2.12）。当投影射线汇聚于一点时，称为中心投影；当诸投影射线都平行于某一固定方向时，这种投影称为平行投影。在平行投影中，投影射线与投影平面成斜交的称为斜投影；投影射线与投影平面成正交的称为垂直投影或正射投影。

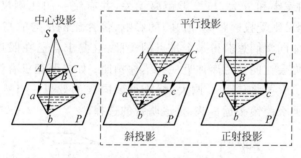

图 2.12　投影的类别

投影射线的汇聚点 S 称为投影中心，如图 2.13 所示的是中心投影的三种情况。请大家思考一下，航空摄影过程属于哪种情况？是图 2.13 的(a)、(b)、还是(c)？

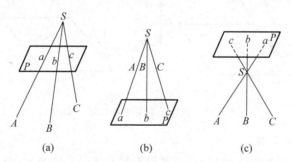

图 2.13　中心投影的三种类型

由于航摄像片是地面的中心投影，物体通过投影中心投射到承影面上形成透视影像，因此，航摄像片属于图 2.13(c)的情况，是地面景物的缩小成像。

2. 航摄像片正片与负片

根据透镜成像原理，物体的反射光通过摄影机的物镜中心，在底片上构成的像为负像，经过晒印获得的像片才是正像，其影像与地面物体一致。图 2.14 表明，从投影上来说如果物体和投影位于投影中心 S 的两侧，其投影为负像，如图中 P_1 平面的 a、b、c 是地面 A、B、C

的负像。如果物体和投影面位于投影中心的同一侧得到正像，如 P_2 平面上的像点 a、b、c 是对应地面点的正像。正像和负像与投影中心的距离都是 f。

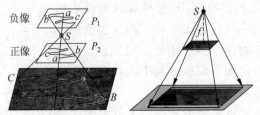

图 2.14　摄影像片正片与负片

3. 中心投影与正射投影的区别

常用的大比例尺地形图属于正射投影，而摄影像片属于中心投影。因此，有必要分析一下中心投影和正射投影的区别。

1）投影距离的影响

正射投影图像的缩小和放大，与投影距离无关，并有统一的比例尺，没有焦距 f 的概念。中心投影的比例尺则受投影距离（航高）的影响，像片比例尺与航高 H 和焦距 f 有关，如图 2.15 所示。比如同学们想获得某个景点的美照，且要求自己在照片中不要太小，如果相机没有调焦功能，你会让同伴距离你近一些给你拍照；如果照相机有调焦功能，这时候同伴就无需移动距离了，只要将焦距 f 调大，就能得到同样的效果。当然，如果在集体照中，希望自己瘦小一些，那么距镜头远一些，是最明智的选择。

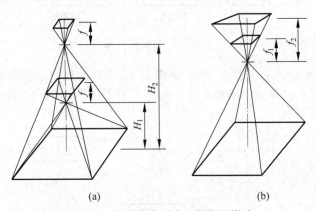

图 2.15　投影距离对中心投影的影响

2）摄影面倾斜的影响

如图 2.16 所示，当投影面倾斜时，正射投影的影像仅表现为比例尺有所放大，像点 ao、bo 相对位置保持不变，但 ao、bo 与 AO、BO 相比，ao 与 bo 长度比例有所夸大。在中心投影的像片上，ao、bo 的比例关系有显著的变化，各点的相对位置和形状不再保持原来的样子，地面上 $AO=BO$，而像片上的 $ao>bo$。

图 2.17 所示的是 3 张不同角度拍摄的同一建筑物影像，不同角度建筑物形状各异，因此传统摄影测量的航摄像片要求竖直摄影。

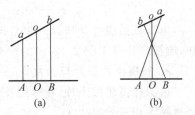

图 2.16　投影倾斜面对投影的影响

图 2.17　投影倾斜面对中心投影的影响

3）地形起伏的影响

从图 2.18 可以看出，当进行正射投影时，随着地面起伏变化，投影点之间的相对位置不变，比例尺与投影距离、地形起伏没有关系。但对于中心投影，地形起伏引起像点投影水平位置发生变化从而产生了投影误差，地面起伏越大像点位移量就越大，如图 2.18(c)中的高楼大厦引起了楼顶点的像点位移。有时我们翻拍一些重要文件时，由于文件不平整也会产生类似的影像变形。

总之，航摄像片是中心投影，由于像片倾斜、地形起伏等因素，使得各种物体的形状随着像片所处的位置不同，其变形也各不相同。

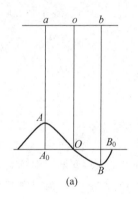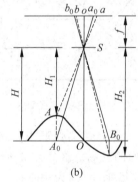

图 2.18　地形起伏对投影的影响

(a) 垂直投影；(b) 中心投影；(c) 航摄像片

认真观察图 2.18(c)影像后会发现，高低起伏的楼房以及不同形状物体在中心投影影像上的变形规律不同，下面对这些规律进行总结，这对影像解译和制图是非常有帮助的。

4. 中心投影透视规律

可以看出，点状物体在中心投影上仍然是一个点，但如果有几个点同在一投影线上，它们的影像便重叠成一个点。与像面平行的直线在中心投影上仍然是直线，与地面目标的形状基本一致，例如地面上有两条道路以某种角度相交，反映在中心投影像片上也仍然以相应的角度相交。如果直线垂直于地面（如电线杆等），其中心投影有两种情况：当直线与像片垂直并通过投影中心主光轴时，该直线在像片上是一个点；如果直线的延长线不通过投影中心，这时直线的投影仍然是直线，但该直线长度和变形取决于目标在像片中的位置，直线越靠近像片中心，影像上的直线长度被缩短，反之，若在像片边缘其长度被严重夸大。平面上的曲线在中心投影的像片上仍为曲线。

面状物体的中心投影为各种线的投影的组合。水平面的投影仍为一平面；垂直面的投影依其所处的位置而变化,当面状物体位于投影中心时投影所反映的是其顶部形状而呈一直线,在其他位置时,除其顶部投影为一直线外,其侧面投影呈不规则的梯形。

2.2.2 航摄像片上的重要点、线、面

航摄像片是地面的中心投影,物平面与像平面之间的中心投影关系又称透视变换关系。像片平面 P 和水平地面 E 是以物镜 S 为投影中心的两个透视平面,在摄影曝光瞬间三者的关系是确定的。下面,认识一下航摄像片上的各重要点、线、面及其重要特征。

1. 重要点、线、面

像平面和物平面是两个透视平面,在无穷远处相交的交线称为透视轴,或者迹线,以 TT 表示。如图 2.19 所示,过投影中心 S 作像平面的垂线,即主光轴,也称摄影方向。主光轴与像平面的交点为像主点 o,与地平面的交点为地主点 O。像主点与地主点称为一对透视对应点。So 的长度为摄影机主距或像片主距,以 f 表示。

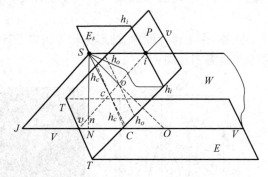

图 2.19　航摄像片上重要点线面

过摄影中心 S 作铅垂线交像平面于一点 n,称为像底点;此铅垂线交地面于 N 点,称为地底点。SN 是投影中心 S 相对于地面的航高。像底点 n 和地底点 N 也是一对透视对应点。过铅垂线 SnN 和摄影方向 SoO 的铅垂面,称为主垂面,以 W 表示。主垂面既垂直于像平面 P 又垂直于地平面 E,也必然垂直于两平面的交线透视轴 TT,这是主垂面的一个重要特性。

主垂面 W 与像平面的交线称为主纵线 vv,像主点 o 和像底点 n 都在主纵线上。主垂面 W 与地平面的交线称为摄影方向线,以 VV 表示。请注意,这里摄影方向线与摄影方向不同。摄影方向指的就是主光轴,而摄影方向线则是地面上的一条特殊线,是主垂面与地面的交线。显然像面上的主纵线与地面上的摄影方向线是一对透视对应线,它们都垂直于透视轴。主垂面内 SoO 与 SnN 所组成的夹角,是摄影方向相对于铅垂线的倾角,等于像片平面相对于水平地面的倾角,以字母 α 表示。作 $\angle OSN$ 的角平分线,该线与像平面主纵线交于点 c,与地面摄影方向线交于点 C,点 c 和点 C 是一对透视对应点,c 点称为像片上的等角点,而 C 点则称为地面上的等角点。

过投影点中心 S 作地平面上一直线的平行线,与像平面的交点称为合点。显然,物平面上一组平行线有共同的合点(灭点),换句话说,合点是物面上平行线组无穷远点的中心投影。过投影中心 S 作一平行于地面的面,称为真水平面或合面 E_s。真水平面与像平面的交线称为真水平线 $h_i h_i$,与主纵线 vv 的交点 i 称为主合点。主合点是地面上一组平行于摄

影方向线的无穷远点的构像。过像片内任何像点作平行于合线的平行线 h_ih_i，称为像水平线；过像主点 o 的像水平线 h_oh_o，称为主横线；过像片上等角点的像水平线 h_ch_c 称为等比线。像平面内所有像水平线均平行于透视轴，而与主纵线相垂直。过投影中心 S 在主垂面内作像平面的平行线与地平面 E 的交点称为主遁点 J。

认识了以上重要点、线与面以后，请思考 3 个问题：①以上哪些点能够在像片上直接找到或近似找到？②航摄像片的像主点和像底点有什么样的关系？③一张像片的主垂面有多少个？

另外，合点也称为灭点，是一组平行线在无穷远处的交点。过投影点中心 S 作地平面上任意直线的平行线与像平面的交点称为合点。那么，地平面上的一组平行线在像片上的投影总会交于一点，这个点就是合点（灭点），如图 2.20 所示。

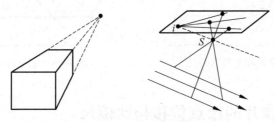

图 2.20　合点或灭点

接下来结合实例，重点分析一下 3 个特殊的点线特性。

2. 底点特性

根据中心投影透视规律可知，这种垂直地面的建筑物存在像点位移，因此高楼都是呈倾斜状分布的。图 2.21(a) 所示的摄影像片四周分布有高楼大厦。请观察影像上高楼倾斜方向有什么特点？不难发现各个高楼的楼顶向四面八方倾斜，倾斜方向似乎有一个中心，而这个中心点就是像底点。因此，像高楼、电线杆等铅垂线地物的构像都分布在以像底点 n 为中心的相应辐射线上（图 2.21(b)）。

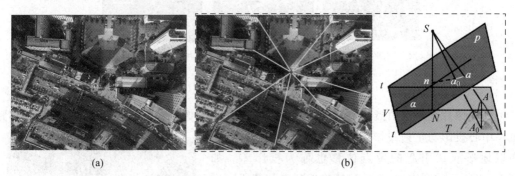

(a)　　　　　　　　　　　　　　(b)

图 2.21　航摄像片底点特性

(a) 高大建筑物航摄像片；(b) 底点特性

3. 等角点特性

在倾斜像片和地平面上，由等角点 c 和 C 所引出的一对透视对应线无方向偏差，其方向角相等。这说明无论是在倾斜的航摄像片上还是在水平地面上，由等角点 c 和 C 所引出的一对透视对应线无方向偏差，保持着方向角相等的特性，如图 2.22 所示。

4. 等比线特性

等比线特性就是指等比线上的构像比例尺等于水平像片上的摄影比例尺,其大小不受像片倾斜影响。因此在等比线 $h_c h_c$ 上(图2.23),无论像片是否水平,其上比例尺大小恒定,均等于像片的平均比例尺。

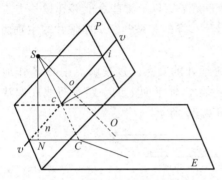

图2.22 航摄像片等角点特性

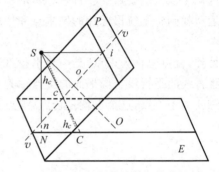

图2.23 航摄像片等比线特性

2.2.3 航摄像片的像点位移与比例尺

1. 航摄像片的像点位移

当像片倾斜或地面起伏时,地面点在航摄像片上的投影相对于理想情况下的投影所产生的位置差异称为像点位移。所谓的理想情况,就是像片水平或地面绝对平坦。例如图2.24中,相比左边水平像片,右边两幅倾斜像片上红色框内的像点产生了位置移动,花坛形状发生了变形,且这种形变大小随着像点在像片上所处位置的不同而不同。

水平像片　　　　　　　　　　倾斜像片

图2.24 像点位移(有彩图)

假如像片是水平拍摄的,当地面高低起伏时,地物的像点在像片位置上移动,其位移量就是中心投影与正射投影在同一水平面上的投影差,所以地形起伏引起的像点位移也称为投影差。如图2.25所示的圆圈内,高大建筑物地基点和其所对应的房顶点在像片上发生了位置的移动,产生了像点投影差。

其实在日常生活中为了方便,通常利用拍照方式获得某一重要证件的影像数据。人们应该有这样的经历,拍照时总得不到令人满意的照片,例如由于书封面不平整使得影像产生了像点位移从而发生了变形。所

图2.25 摄影像片上的投影差(有彩图)

以最后只能将证件拿去打印店扫描以获得令人满意的影像,而这种变形类似于地形起伏引起的像点位移。

由于在传统摄影测量中要求航摄像片是竖直摄影,因此这种由像片倾斜引起的像点位移一般比较小。但是地球表面的地形起伏是自然现象无法避免,所以需要重点讨论地形引起的投影差及其规律。

2. 航摄像片投影差规律

下面,通过绘图推导地形起伏引起的航摄像片投影差规律。为了简单起见,假定像面和地面都是一维的,对于任意一张航摄像片,如图 2.26 所示,像点、地面点和投影中心都在一条直线上,即三点共线。如果像片水平,像主点与像底点将会重合。首先绘制三个基本要素,即地面、投影中心和像平面。在地面上画两个特殊地形:山顶点 A 和洼地点 B。设像主点为 o,地主点为 O,航摄时的地面基准面为 E,那么山顶点和洼地点在

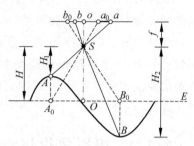

图 2.26　摄影像片的透视规律

基准面上对应的理想点为 A_0、B_0。根据中心投影透视方法,连接地面点、投影中心延长至像平面交于一点,分别绘制出每个地面点所对应的像点,像点均以对应地面点的小写字母代替,分别得到像点 a、a_0、b、b_0。我们发现,不管是洼地点还是山顶点,其像点位置都相对于地形不起伏时对应理想构像点发生了移动,得到线段 aa_0,bb_0。同时,像点移动的方向和移动的大小不同。

根据相似三角形原理,投影差公式为

$$\delta_h = \frac{rh}{H} \tag{2-2-1}$$

其中:r 为像点到像主点的距离;h 为地面高差;H 为摄影相对航高。

因此,投影差 δ_h 具有如下规律:

(1) 对相对高差相等的点,δ_h 也相等;像主点处无像点移动;

(2) δ_h 与高差 h 成正比,$h>0$ 表明像点背离像主点方向移位,$\delta_h>0$;反之,$h<0$,像点朝向像主点方向移位,$\delta_h<0$;

(3) δ_h 与航高 H 成反比。

3. 航摄像片的比例尺

2.1.2 节已经学过传统摄影测量对航摄像片的基本要求,那么影响航摄像片比例尺的因素有哪些?总体而言,影响航摄像片比例尺的因素有两个。

1) 与焦距和航高有关

摄影像片比例尺与物镜焦距成正比,与相对航高成反比,即 f/H。式中 H 为相对航高,该比例尺实质是一种平均摄影比例尺,在实际生产中经常用到。若焦距固定不变,相对航高越大,比例尺就越小。

2) 受地形因素的影响

在平坦地区摄像时,像片水平则像片的比例尺可以近似认为处处一致。但地形复杂地区,即使是像片水平,由于地形起伏变化,像点实际比例尺处处是不一致的。因为在摄影中,

像距不变而物距也就是实际航高随地形高低不同而变化,由于中心投影具有近大远小的特点,地形越高物距越小则像点比例尺越大。

例如,祁连山区某一航摄像片(图 2.27),已知航高(绝对航高)4000m,焦距 200mm,A 号样地海拔高为 3500m,B 号样地海拔高为 2500m,请计算这两个样地比例尺是多少?

根据像片比例尺公式,计算出 A 地的比例尺为 1/2500,B地比例尺为 1/7500。由此可见,同一幅航摄像片上,由于地形起伏引起的实际像点比例尺差异较大。当然在实际摄影测量任务中,一个区域地形高差太大就需要分区进行摄影,否则最高区域重叠度太小,影响测图精度。在航线规划中需要注意这一点。

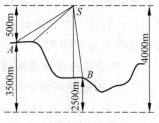

图 2.27　航摄像片实际地物点比例尺

2.2.4　摄影像片与普通地图

前几节介绍了传统摄影测量学对航空摄影像片的要求、航摄像片的投影、比例尺及像点位移等知识。航摄像片也被泛称为摄影像片,在生活中大家都用过 Google Earth、奥维地图等卫星影像平台,认识到摄影像片给日常生活及出行带来的便利。普通地图也是人们进行科学研究或生活的重要工具。那么,它们之间有什么样的不同与联系呢? 这节重点比较分析摄影像片与普通地图的关系,剖析两者之间的异同。

(1) 投影方式不同。地图是正射投影,而航摄像片是中心投影。航摄像片会产生像片倾斜以及地形起伏引起的像点位移。因此,航摄像片不能像地图一样使用,直接在像片上量测两点之间的距离是有误差或变形的。

(2) 比例尺差异。一幅地图只有一个固定比例尺,可以在地图上任意量测两点之间的距离,图上距离与实际距离之比就是地图比例尺。但是摄影像片即使是绝对垂直摄影,主光轴与铅垂线严格地平行,但由于地形起伏,各地物实际的航线高度是不相同的,因此航摄像片的比例尺处处不一致。

(3) 表示方法不同。地图是依据一定的制图绘制法则,按照一定比例运用线条、符号、颜色、文字注记等描绘显示地球表面的自然地理、行政区域、社会状况的图形。地图是一种人们加工过的线画图,具有完整的符号系统,同时也是一门艺术。而摄影像片或光学遥感影像就是在不接触目标物的基础上,利用可见光或近红外传感器收集获得地表信息,是地面景物的客观反映。

(4) 表示内容不同。如图 2.28 所示,遥感影像或者航片内容非常丰富,甚至很拥挤。地图突出制图对象的主要方面而略去次要方面,在有限的图面上表示出制图对象的主要特点和制图区域的基本特征。摄影像片所见即所得,比如研究区内汽车或垃圾桶,如果进行高分辨率航空拍摄,汽车或垃圾桶会出现在摄影像片上。但如果是 1∶1000 或更高比例尺地形图,这些可移动地物是不能在地图上出现的。换句话说,一定比例尺下的地图表示内容是严格按照制图规范进行科学概括选取的,综合取舍既是地图学的精髓也是其难点所在。因此地图具有主观性。

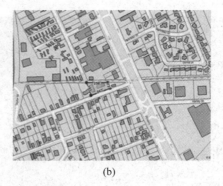

图 2.28　表示内容的差异

(a) 航摄像片；(b) 地图

(5) 几何差异性。地图是将三维地理信息表达在二维平面上。单张摄影像片是三维地理信息的二维平面表达。但多个具有一定重叠度的摄影像片经摄影过程几何反转以后，可以组成立体像对从而建立地表三维立体模型。然后，通过立体观测制作各种丰富的地图产品，其中地图制图是摄影测量学的重要任务之一。目前，很多的地图都是通过摄影测量的方法获得的，这就是它们的联系。摄影测量学研究的任务之一就是如何把中心投影规律的摄影像片转换成一个以测图比例尺表示的正射投影的地形图。

(6) 现势性差异。摄影像片现势性强、更新快，能够对地表进行实时监测。而地图生产周期较长，更新速度较慢。因此，可以利用摄影像片现势性强的特点修测地图。如图 2.29 所示，当时由于某个城市经济建设任务急需要制作 1996 年现势性地图，那么就可以根据 1996 年航摄像片快速修测已有的 20 世纪 60 年代地形图，以满足用户需求。

图 2.29　现势性的差异

(a) 20 世纪 60 年代地形图；(b) 1996 年摄影像片；(c) 1996 年修测的地形图

(7) 两者的相同之处。摄影像片和地图都是地理信息的载体，它们都是地理信息系统的重要数据源。同时，有一种非常重要的地理数据产品——影像地图，是一种带有影像的地图。利用航空或卫星影像，通过几何纠正、投影变换，运用一定的地图符号、注记等直接反映地表特征及空间分布的地图，综合了航空像片和线划地图的优点，既包含摄影像片的丰富内容信息，又能保证地形图的整饰和几何精度，如图 2.30 所示的兰州市安宁区影像地图（来自百度地图）。如今，很多城市出版了影像地图集，如广州市影像地图集等。目前，很多网络平台也相继推出了卫星影像地图平台，如百度地图、奥维卫星地图、Google Earth 等。

图 2.30 影像地图

2.3 摄影测量常用坐标系

2.3.1 摄影测量常用坐标系的定义

1. 像平面坐标系

拿到一张航摄像片首先能确定一个坐标系就是框标坐标系,可以描述像点 a 在像平面上的位置,机械框标或光学框标都可以确定这种坐标系。坐标原点和坐标轴是坐标系的两个关键要素。以对边的机械框标连线分别作为 x 轴与 y 轴,其交点 p 为框标坐标系原点,则像点坐标表示为 (x_a, y_a)。若利用位于像片 4 个角的光学框标来定义,则以对角框标连线夹角的平分线确定 x、y 轴,同样得到像点在框标坐标系中的坐标 (x_a, y_a)。下面介绍其他几种摄影测量常用坐标系。

众所周知,相机主光轴 So 与像平面的交点为像主点 o,其往往与框标坐标原点 p 不重合,将像主点在框标坐标系下的坐标记为 (x_0, y_0)。因此,首先定义像平面坐标系,以像主点为原点,x、y 轴分别平行于框标坐标系的 x、y 轴,如图 2.31 所示,像点在像平面坐标系的坐标通常记为 (x, y)。以后如果不是特别说明,一般像点坐标指的就是以像主点为原点的像平面坐标。

2. 大地测量坐标系

地形摄影测量的主要任务是测绘各种比例尺地形图。因此,大地测量坐标系或大地坐标系是摄影测量中的一个重要坐标系,这个坐标系在地图学、测量学及 GIS 等课程中都已经接触过。大地测量坐标系属于左手系,通常指各种地图投影坐标系,标记为 $A(x_t, y_t, z_t)$,其中 x_t 轴指向北方(图 2.32)。这种坐标系与大地测量中的高斯-克吕格 3° 带或 6° 带平面坐标系相同,包括北京 54 坐标系、西安 80 坐标系和国家 2000 坐标系、高程则以我国 1985 黄海高程系统为基准。

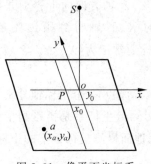

图 2.31　像平面坐标系

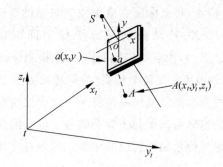

图 2.32　摄影测量基本任务

摄影测量中的一个重要任务就是要通过像点坐标获得对应地面点的大地测量坐标。但是,如何实现呢?像点的像平面坐标是二维平面坐标系,地面点的大地测量坐标是三维坐标系;像平面坐标是右手系,大地测量坐标是左手系。目前只有这两套坐标系是不能完成摄影测量任务的,显然,还需要定义几个过渡坐标系才能将二者有机联系起来。

3. 几种过渡坐标系

为了完成摄影测量的基本任务,需要定义 4 种过渡坐标系,且都属于数学坐标系,即右手系。

1) 像空间坐标系

将像主点 o 沿着主光轴(或摄影方向),向上移动至投影中心 S,以 S 点作为坐标原点,构造一个三维坐标系,如图 2.33 所示。z 坐标轴为主光轴,x 与 y 轴分别平行于像平面坐标系的 x、y 轴。像点在像空间坐标系下的坐标通常记为 $(x,y,-f)$。

2) 像空间辅助坐标系

如图 2.34 所示,像空间辅助坐标系以投影中心 S 为坐标原点,以向上的铅垂线方向为 Z 轴的正向,以航线方向为 X 轴,通过右手系确定 Y 轴方向,Y 方向与航线垂直。像空间辅助坐标系能够描述像点在像方三维坐标中的空间位置,像点在像空间辅助坐标系下的坐标通常记为 (X,Y,Z)。

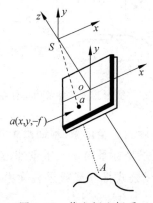

图 2.33　像空间坐标系

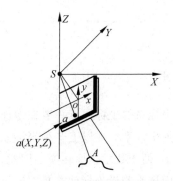

图 2.34　像空间辅助坐标系

3) 摄影测量坐标系(简称摄测坐标系)

摄影测量坐标系是一种物方坐标系,用于描述地面点在地表三维模型上的位置。如

图 2.35 所示,将坐标原点沿着像空间辅助坐标系(S-XYZ)Z 轴方向向下移动并与地面的交点为 P,X、Y 轴分别平行于像空间辅助坐标系的 X、Y 轴得到摄影测量坐标系(P-$X_pY_pZ_p$),像点对应地面点 A 在摄测坐标系下的坐标通常记为(X_p,Y_p,Z_p)。

4) 地面摄影测量坐标系(简称地面摄测坐标系)

地面摄影测量坐标系是将某一地面控制点 M 作为坐标原点,3 个坐标轴分别平行于像空间辅助坐标系或摄测坐标系的各个轴。因此,地面摄影测量坐标系是摄影测量坐标系与大地测量坐标系相互转换的纽带。像点对应地面点 A 在地面摄测坐标系下的坐标,通常记为(X_{tp},Y_{tp},Z_{tp})。

将以上几种摄影测量常用坐标系划分为两大类:一是描述像点平面和三维空间位置的像方坐标系,共 4 种;二是描述地面点三维空间位置的物方坐标系,共 3 种。摄影测量常用的 7 种坐标系之间的关系如图 2.36 所示,首先从像平面开始,从初始的框标坐标系,到以像主点为原点的像平面坐标系,然后以投影中心 S 为原点,像方坐标系从二维转到三维得到像空间坐标系;接着将三维坐标原点从空中 S 沿着铅垂线移到地面得到摄测坐标系,随后将坐标原点移动到某一地面控制点从而得到地面摄测坐标系,而地面摄影测量坐标系与大地测量坐标系之间的关系是已知的,从而通过 4 种过渡坐标系(像空间坐标系、像空间辅助坐标系、摄影测量坐标系和地面摄影测量坐标系)完成像点的像平面坐标到大地测量坐标的转换关系。

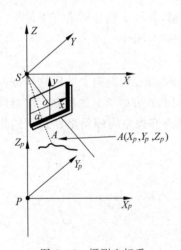

图 2.35　摄测坐标系

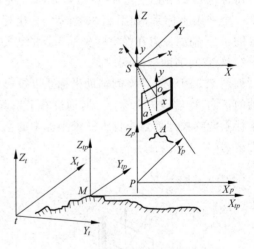

图 2.36　摄影测量几种常用坐标系

物方坐标系的坐标原点一般在地面上,主要包括摄影测量坐标系、地面摄影测量坐标系和大地测量坐标系。在以上 7 种坐标系中,除了大地测量坐标系属于左手系外,其余坐标系都是右手系,便于数学坐标转换。因此,在后面摄影测量公式推导或成果转换中,一般只要是获得地面摄影测量坐标就算是求解过程结束。

从摄影测量任务可知,建立 4 种过渡坐标系的目的就是为了便于将像点坐标最后转换至对应地面点的大地测量坐标。那么,以上 7 种坐标系之间有什么样的联系以及如何实现各个坐标系之间的转换等问题必然成为摄影测量学研究的关键。

2.3.2　摄影测量常用坐标系的作用

摄影测量常用坐标系是"摄影测量学"课程的难点,也是后续摄影测量相关理论学习的基础。为了便于理解几种常用坐标系之间的联系以及相互转换,下面详细剖析各个坐标系的作用。

1. 像平面坐标系

像点的二维平面坐标描述了像点在像片面上的位置关系,共有两种:框标坐标系和像平面坐标系。在摄影测量后续学习中,如果不是特别说明,像点坐标一般指的就是像平面坐标。为了深入理解这两种坐标系之间的关系,先回答两个问题:①像平面坐标系与框标坐标系的关系;②内方位元素的作用是什么。

像平面坐标系与框标坐标系的坐标轴相互平行,只是坐标原点不同。两种坐标原点的平移量就是内方位元素(x_0, y_0, f)中的(x_0, y_0),即像主点在框标坐标系下的坐标,这也是联系两个像平面坐标的纽带。

刚出厂的航摄相机的x_0与y_0一般非常小,通常为0,这时的像平面坐标系与框标坐标系有可能完全重合。但随着相机的频繁使用,像主点位置会慢慢偏离框标坐标系原点。表2.4列出了某一佳能 EOS 5D 相机的检校参数,主要包括相机的内方位元素和相机的6个畸变差参数。

表 2.4　Cancon EOS 5D Ⅱ 检校参数

序号	检 校 内 容	检 校 值
1	主点 X_0	2821.3892 像素
2	主点 Y_0	1887.0938 像素
3	焦距 f	5536.0481 像素
4	径向畸变系数 K_1	3.056420881e-09
5	径向畸变系数 K_2	-1.257494362e-16
6	偏心畸变系数 P_1	1.035379462e-08
7	偏心畸变系数 P_2	-1.479892420e-08
8	非正方形比例系数 α	2.128773811e-04
9	非正交性畸变系数 β	8.368129369e-05

因此,在每次进行航空摄影飞行前一定要对相机进行检校,以确保获取高精度的像点坐标。传统的高精度室内/室外检校场造价高,现代数码相机对相机检校场要求有所降低,一般只需提供专业检校软件、一台 LED 显示屏(42 英寸以上)以及 30m^2 左右的检校场地就能够获得精密的相机检校参数。

2. 像空间坐标系

像空间坐标系描述的是像点在像方空间的三维位置信息。那么,在该坐标系下像空间坐标有什么特点?内方位元素的作用又是什么?

如图 2.37 所示,在像空间坐标系下像点的空间位置可表示为$(x, y, -f)$,每个像点的 z 坐标都等于固定值$-f$。不难发现每张像片有各自独立的像空间坐标系,因为至少每张像片的坐标原点各不相同。

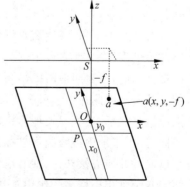

图 2.37　像空间坐标系与像平面坐标系

3. 像空间辅助坐标系

像点的另一类像方三维坐标系就是像空间辅助坐标系。那么,为什么要建立像空间辅助坐标系呢?

从 2.1 节传统航空摄影的基础知识可知,为了获得高质量的航摄像片,航空飞行要按照设计航线进行,航高要一致、像片要水平等。但由于摄影时刻的大气条件等因素,实际上在曝光瞬间飞机往往会有仰俯、翻滚和偏航,从而导致摄影瞬间每张像片的姿态是变化的。同一条航带上的两张相邻像片姿态通常各异,它们的像空间坐标系的 3 个坐标轴也会不同。

构建像空间辅助坐标系是为了便于确定每一张像片在空间的姿态基准。尽管像空间坐标系能够准确描述每张像片在摄影时刻的不同姿态,但是航空飞行结束后当拿到这些航摄像片时,它们在摄影瞬间的姿态关系已经消失。这时候就需要定义一种基准坐标系,无论摄影时刻像片姿态如何,Z 坐标轴都是沿着铅垂线方向,X 轴统一指向航线方向,Y 轴则垂直航线方向,这就是像空间辅助坐标系。在该坐标系中,每张像片的像空间辅助坐标系的 3 个轴都相互平行,这样就很容易地将同一航带上的像片连接起来,这也是像空间辅助坐标系的最大优势。

同时,如果知道摄影时刻飞机倾斜了多少、翻滚了多少、偏航了多少,就可以将每一张放置在基准坐标系中的像片通过这 3 个姿态参数模拟摄影时刻像片的姿态,这是建立像空间辅助坐标系的另一个好处。仰俯、翻滚和偏航这 3 个飞机或像片的姿态参数将在下节详细讲解。

4. 摄影测量坐标系

以上几种坐标系都是像方坐标系,描述的是像点位置关系。摄影测量坐标系则是将像空间辅助坐标系的坐标原点从空中的投影中心 S 点移到了地面点 P,相应的 3 个坐标轴依然分别平行于像空间辅助坐标系的各轴。摄影测量坐标系通常是以第一张像片为基准建立的,比如在航带模型自由网构建中获得航带模型。摄影测量坐标系是一种非常重要的过渡坐标系,将会在第 4 章解析空中三角测量中应用。

5. 地面摄影测量坐标系

最后一种过渡坐标系是地面摄影测量坐标系,以地面某一控制点 M 为坐标原点,3 个坐标轴分别平行于像空间辅助坐标系的 3 个相应轴,是重建地表三维模型点的物方坐标。

有人会产生疑问,为什么要将坐标原点设置在地面控制点上呢?这涉及地面摄影测量坐标系的过渡作用,地面摄影测量坐标的原点为已知地面控制点,意味着 M 点的大地测量坐标是已知的,也表明地面摄影测量坐标系和大地测量坐标系的关系是确定的,两种坐标可以相互转换。因此在后续摄影测量学习中,如果推导出地面摄影测量坐标就认为是地面模型点的最终坐标,不再提及地面摄影测量坐标与大地测量坐标之间的转换了。

同时,由于地面摄影测量坐标系与像空间辅助坐标系的 3 个轴是相互平行的,其转换关系可以通过几何方法获得,即共线条件,这个关系将会在 2.5.1 节进行具体推导。本节重点分析了几种常用坐标系的作用及其相互联系。但是要回答如何确定这些坐标系之间的定量转换关系,还需要学习下节课的内容,即摄影像片的方位元素。

2.4　摄影像片的方位元素及直角坐标系旋转变换

2.4.1　摄影像片的方位元素

1. 像片的方位元素

航摄像片的方位元素简称像片的方位元素,是指确定摄影时刻摄影中心 S、像片面 P 与地面 E 3 者之间相关位置关系的参数,如图 2.38 所示。显然,像片的方位元素描述的是一种几何位置关系,是对摄影瞬时状态的几何反转,表明摄影时刻飞机或者像片的空间位置与姿态参数。

像片的方位元素可分为两大类:第一类是像片的内方位元素,是指确定投影中心 S 与像片面之间的几何位置关系,通常用参数 (x_0, y_0, f) 表示。一般来说,像片的内方位元素是确定的,不需要计算。只要航摄过程中不更换相机,测区内所有像片的内方位元素是相同的。相机检校后,像片的内方位元素直接由航摄部门提供。其

图 2.38　像片的方位元素(有彩图)

作用是恢复摄影时刻的摄影光束,获得投影中心与像片面之间的几何位置关系。

第二类是像片的外方位元素,是指确定摄影时刻摄影光束在地面摄测坐标系中空间位置和姿态的参数,包括确定摄影光束空间位置的 3 个线元素 (X_S, Y_S, Z_S) 和 3 个空间姿态角元素 $(\varphi, \omega, \kappa)$。与内方位元素不同,一般每张像片有各自不同的外方位元素(图 2.39)。

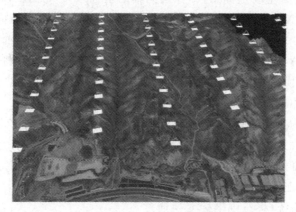

图 2.39　像片的外方位元素

2. 像片外方位元素的角元素

像片外方位元素中,线元素 (X_S, Y_S, Z_S) 是描述摄影中心 S 在物方空间坐标系中的位置,需注意这里是指物方坐标系下的坐标。3 个角元素用来描述每张像片摄影时刻的姿态,即飞机飞行的姿态,包括仰俯、翻滚、偏航。线元素比较容易理解,就是投影中心 S 的地面摄测坐标。但是 3 个空间角元素如何确定呢? 图 2.40 为西北师范大学东、西操场的两张航摄像片。由于像片姿态角差异,将这两张像片进行拼接时发现所有地物总是不能同时完全

无缝拼接,某些地物拼接好了,但其他地物在几何上又错开了。人们试图将一条航带的所有摄影像片拼接成一条航带时应该也发现了这个问题,其根本原因在于同一地物在左右两张影像上发生了由于像片姿态角产生的像点位移,且这种像点位移量是非线性的。

图 2.40　像片外方位元素的角元素(有彩图)

人们熟悉二维平面角度旋转变化,但三维空间姿态角度变化就比较复杂了。

3. 以 Y 轴为主轴的转角系统

在传统摄影测量中,飞机通常是按照既定的规划航线飞行的,但由于气流等因素飞机在空中飞行的时候并不能严格按照设计航线飞行。飞行过程中,会产生仰俯、翻滚和偏航。那么,怎样准确模拟相机曝光时刻像片 3 种姿态呢? 下面以我国通常采用的以 y 轴为主轴的 (φ,ω,κ) 转角系统为例来说明。

首先定义一个像方基准坐标系,即像空间辅助坐标系 $S\text{-}XYZ$。以 Y 轴为主轴说明 Y 轴不动,那么像片在 XZ 平面上运动并旋转了角度 φ,也就是飞机的航向倾角或仰俯角。接着 X 轴不动,像片在 YZ 平面上运动并旋转了角度 ω,这个角就是旁向倾角或翻滚角。最后 Z 轴不动,像片在 XY 平面上运动并旋转角度 κ,就是像片旋角或偏航角。这样,通过 φ、ω、κ 3 个角度的旋转变换,摄影像片就从假定的基准坐标系(像空间辅助坐标系)转换至像空间直角坐标系,从而恢复了摄影时刻像片的姿态角,如图 2.41 所示。

上述是以 Y 轴为主轴的旋转角系统,当然也可以以 X 轴(或者 Z 轴)为主轴,X 轴(或者 Z 轴)假定不动,然后进行相应的旋转变换,同样可以恢复 3 个姿态角。

由此可见,像片在地面摄影测量坐标系中的角度转换是通过转角系统,将三维坐标变换通过在二维平面上进行 3 次分解,从而能够准确地刻画像片的 3 个外方位角元素。通过以上像片外方位元素的 3 个角元素旋转,大家应该能够体会到定义像空间辅助坐标系的巧妙之处,也能够深刻感受到从事摄影测量前辈们的聪明与智慧。

总之,像片方位元素是描述每一张像片摄影瞬间的几何特征,也是摄影测量各坐标系之间相互转

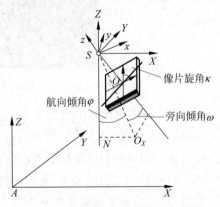

图 2.41　以 Y 轴为主轴的转角系统

换的桥梁与纽带。那么,一张像片的这 9 个方位元素究竟在摄影测量坐标系相互转换中起什么样的作用?

2.4.2　像片的方位元素在摄影测量坐标系转换中的作用

像片的方位元素包括 3 个内方位元素和 6 个外方位元素,在摄影测量常用坐标系相互转换过程中,像片的 9 个方位元素所起了非常重要的作用。下面讨论这两种方位元素在各坐标系转换中的具体作用。

1. 内方位元素的作用

在像片的内方位元素中,(x_0,y_0) 确定了像片的框标坐标系和像平面坐标系的几何位置关系。通过平移量 x_0 与 y_0 就可以将两种坐标系进行相互转换。内方位元素的另一个参数为相机主距或焦距 f,是将像点位置从二维像平面坐标转换到空间三维坐标,即像空间坐标系。所有像点的像空间坐标的 z 值均为 $-f$。

总之,像片的内方位元素 3 个参数 (x_0,y_0,f) 较容易获取,其作用就是建立像点框标坐标与像平面坐标的转换,恢复了摄影时刻摄影中心 S 与像片的关系,也就是恢复了摄影光束。同时将像方坐标从二维转换至三维(图 2.42)。

2. 外方位元素的作用

像片的 6 个外方位元素记录了曝光瞬间飞机飞行的位置和姿态(图 2.43)。下面,重点分析像片外方位元素在摄影测量坐标系转换中的作用。

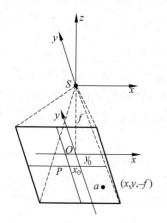

图 2.42　内方位元素的作用

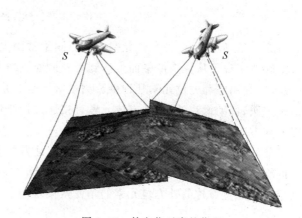

图 2.43　外方位元素的作用

首先分析 3 个角元素的作用。像片的角元素记录了曝光瞬间飞机飞行的仰俯、翻滚和偏航 3 个姿态角。仰俯也称为航向倾角、翻滚也称旁向倾角、偏航也称像片旋角。

从图 2.40 可以看出,相对像片的位置姿态基准,即像空间辅助坐标系而言,像片的航向倾角、旁向倾角和像片旋角一般都是不为零的小角度,分别记作 φ,ω,κ 角。因此,如果已知像片 3 个外方位角元素,利用以 y 轴为主轴的转角系统,通过 3 个角度顺次的旋转变化,将基准的像空间辅助坐标变换至像空间坐标,我们就可以将每张像片在摄影瞬间的姿态恢复出来,从而解决了摄影测量学中的第一个关键问题。

传统的模拟摄影测量阶段就是按照这样一种思路进行摄影几何反转的。把像片放置在承像盘上,通过调整机械导杆恢复左右像片的航向倾角、旁向倾角和像片旋角,从而重建地形表面三维模型。总之,如果已知像片的 3 个外方位角元素就能够确定任意像点的像空间坐标与像空间辅坐标的转换关系。

3 个线元素 (X_S, Y_S, Z_S),记录了每张像片在曝光时刻摄影机在物方空间的位置,其实质是摄影中心 S 在地面摄测坐标系中的 3 个坐标分量。由于像空间辅助坐标系与地面摄测坐标系的 3 轴相互平行,通过像片外方位元素的线元素就可以实现两个坐标系的相互转换。

下面进行总结。如图 2.44 所示,首先由最初确定的像点框标坐标系通过内方位元素的 (x_0, y_0) 参数,即像主点在框标坐标系下的坐标就可以转换为以像主点为原点的像平面坐标。再由内方位元素的摄影主距 f,将像平面坐标转换至像点的像空间坐标(注意,这是一个三维坐标)。然后利用像片外方位元素的角元素 $(\varphi, \omega, \kappa)$ 将像点像空间坐标转换至像空间辅助坐标,最后利用像片外方位元素的线元素 (X_S, Y_S, Z_S) 将像点的像空间辅助坐标转换到像点对应地面点的地面摄测坐标。这样就完成了由像点坐标到地面摄影测量坐标的转换,从而实现摄影测量的基本任务。

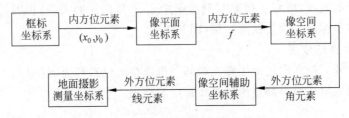

图 2.44　方位元素在坐标转换中的作用

由此可见,像片的内外方位元素及摄影测量常用坐标系是摄影测量学的基础内容,从理论上定性地实现了从像点像平面坐标到对应地面点物方坐标的一系列坐标转换。

总之,利用像片方位元素几种摄影测量常用坐标系就可以进行相互转化,但如何利用定量解析方法,借助像片的内、外方位元素直接通过量测像点的像平面坐标获得像点所对应地面点的物方坐标呢?

目前看来,除了坐标系与像片方位元素外,还需要其他一些相关知识,比如空间直角坐标系的旋转变换、共线条件方程等。这些知识点将在后面章节一一讲解。下节将重点学习如何定量地通过像片的外方位元素的角元素实现像空间辅助坐标与像空间坐标的变换。

2.4.3　空间直角坐标系的旋转变换

1. 二维平面坐标旋转变换

定量地通过像片的外方位元素的角元素 φ, ω, κ 实现像空间辅助坐标与像空间坐标的变换称为空间直角坐标系的旋转变换,是一种围绕坐标原点的三维空间坐标变换。

为了方便推导,先认识一下二维平面坐标系的旋转变换规律。如图 2.45 所示,首先定义一个平面坐标系 $o\text{-}xy$,平面上 a 点的坐标为记为 (x, y)。将该坐标系绕坐标原点 o 旋转 α 角得到另一平面直角坐标系 $o\text{-}x'y'$,则 a 点在新坐标系下的坐标记为 (x', y')。

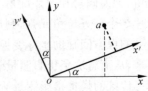

图 2.45　二维坐标旋转变换

在中学数学课本中已经学过二维平面旋转变化关系,若旋

转角度 α 角已知,a 点在这两个平面坐标系下的坐标转换关系是确定的。为了方便推导,通常在转换公式中将等式的左边写成起始坐标 x、y 的形式,等式右边写成关于转换后的点坐标 x'、y' 的函数式。因此,根据三角函数关系,就可以列出它们的转换关系式为

$$\begin{cases} x = x'\cos\alpha - y'\sin\alpha \\ y = x'\sin\alpha + y'\cos\alpha \end{cases} \tag{2-4-1}$$

写成矩阵形式为

$$\begin{bmatrix} x \\ y \end{bmatrix} = \begin{bmatrix} \cos\alpha & -\sin\alpha \\ \sin\alpha & \cos\alpha \end{bmatrix} \begin{bmatrix} x' \\ y' \end{bmatrix} = \boldsymbol{R} \begin{bmatrix} x' \\ y' \end{bmatrix} \tag{2-4-2}$$

可以看出,矩阵 $\boldsymbol{R}$ 是坐标旋转变换的关键参数,根据已知旋转角度 α 值就能够非常容易地构造变换矩阵。总之,二维平面坐标系旋转变换的规律是:方程的左边为起始坐标列矩阵 $[\begin{matrix} x & y \end{matrix}]^{\mathrm{T}}$,右边就是旋转矩阵 $\boldsymbol{R}$ 与变换后的坐标列矩阵 $[\begin{matrix} x' & y' \end{matrix}]^{\mathrm{T}}$ 的乘积。2×2 的转换矩阵 $\boldsymbol{R}$ 书写非常有规律,正对角都为 $\cos\alpha$,斜对角都为 $\sin\alpha$,只不过右上角为 $-\sin\alpha$。这个公式大家需要熟练掌握,下面推导三维空间坐标旋转变换关系式时会频繁应用。

2. 三维空间坐标旋转变换

三维空间坐标旋转变换是以像片像空间辅助坐标系为起始坐标系,坐标原点 S 不动,通过以 y 轴为主轴的转角系统,将像空间辅助坐标系转换到像空间坐标系。如果掌握了二维平面坐标系的旋转变换规律就能够比较容易地推导三维坐标系的旋转变换公式。

上节定义的像片外方位元素角元素的转角系统实质就是将三维坐标系的变换分解成 3 个连续顺次的二维平面旋转变换的过程。下面将二维平面旋转变换规律与转角系统相结合,具体分析三维空间坐标变换规律。

首先,以 Y 轴为主轴表明 Y 轴不变,在 XZ 平面上,像空间辅助坐标系 $S\text{-}XYZ$ 的 X 和 Z 轴分别转了 φ 角度后得到三维坐标系 $S\text{-}X_\varphi Y_\varphi Z_\varphi$(图 2.46)。按照二维坐标旋转变换规律,上述坐标变换式可写为

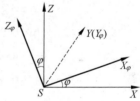

图2.46　三维坐标旋转变换

$$\begin{cases} X = X_\varphi\cos\varphi - Z_\varphi\sin\varphi \\ Y = Y_\varphi \\ Z = X_\varphi\sin\varphi + Z_\varphi\cos\varphi \end{cases} \tag{2-4-3}$$

改写成矩阵就是

$$\begin{bmatrix} X \\ Y \\ Z \end{bmatrix} = \begin{bmatrix} \cos\varphi & 0 & -\sin\varphi \\ 0 & 1 & 0 \\ \sin\varphi & 0 & \cos\varphi \end{bmatrix} \begin{bmatrix} X_\varphi \\ Y_\varphi \\ Z_\varphi \end{bmatrix} = \boldsymbol{R}_\varphi \begin{bmatrix} X_\varphi \\ Y_\varphi \\ Z_\varphi \end{bmatrix} \tag{2-4-4}$$

式(2-4-4)中三维矩阵 $\boldsymbol{R}_\varphi$ 是坐标转换的关键,需要运用线性代数的思想根据实际转换角度对照填写,尤其要注意变换矩阵第二行和第二列的写法。由于 Y 轴不变,旋转矩阵中 Y 所对应位置上的值是 1,矩阵中上、下、左、右位置对应值都为 0。

接着 X_φ 轴不变,以刚刚旋转后得到的 $S\text{-}X_\varphi Y_\varphi Z_\varphi$ 坐标系为基准(或初始坐标),在 $Y_\varphi Z_\varphi$ 平面上绕 X_φ 轴旋转 ω 角得到转换后的坐标系 $S\text{-}X_{\varphi\omega} Y_{\varphi\omega} Z_{\varphi\omega}$。同理可以获得 $Y_\varphi Z_\varphi$

平面上的坐标变换式,即

$$\begin{bmatrix} X_\varphi \\ Y_\varphi \\ Z_\varphi \end{bmatrix} = \begin{bmatrix} 1 & 0 & 0 \\ 0 & \cos\omega & -\sin\omega \\ 0 & \sin\omega & \cos\omega \end{bmatrix} \begin{bmatrix} X_{\varphi\omega} \\ Y_{\varphi\omega} \\ Z_{\varphi\omega} \end{bmatrix} = \boldsymbol{R}_\omega \begin{bmatrix} X_{\varphi\omega} \\ Y_{\varphi\omega} \\ Z_{\varphi\omega} \end{bmatrix} \tag{2-4-5}$$

同样在式(2-4-5)中,由于 X_φ 轴不变,需要注意旋转矩阵 $\boldsymbol{R}_\omega$ 第一行与第一列的填写规律。

最后 $Z_{\varphi\omega}$ 轴不动,将旋转后的坐标系 $S\text{-}X_{\varphi\omega}Y_{\varphi\omega}Z_{\varphi\omega}$ 在 $X_{\varphi\omega}Y_{\varphi\omega}$ 平面旋转 k 角,最终旋转至与像空间坐标系 $S\text{-}xyz$ 重合,即

$$\begin{bmatrix} X_{\varphi\omega} \\ Y_{\varphi\omega} \\ Z_{\varphi\omega} \end{bmatrix} = \begin{bmatrix} \cos\kappa & -\sin\kappa & 0 \\ \sin\kappa & \cos\kappa & 0 \\ 0 & 0 & 1 \end{bmatrix} \begin{bmatrix} x \\ y \\ z \end{bmatrix} = \boldsymbol{R}_\kappa \begin{bmatrix} x \\ y \\ z \end{bmatrix} \tag{2-4-6}$$

因此,将式(2-4-4)~式(2-4-6)进行联立获得三维空间坐标旋转变换为

$$\begin{bmatrix} X \\ Y \\ Z \end{bmatrix} = \boldsymbol{R}_\varphi \boldsymbol{R}_\omega \boldsymbol{R}_\kappa \begin{bmatrix} x \\ y \\ z \end{bmatrix} = \boldsymbol{R} \begin{bmatrix} x \\ y \\ z \end{bmatrix} \tag{2-4-7}$$

其中,总的旋转矩阵 $\boldsymbol{R}$ 为

$$\begin{aligned} \boldsymbol{R} &= \boldsymbol{R}_\varphi \boldsymbol{R}_\omega \boldsymbol{R}_\kappa \\ &= \begin{bmatrix} \cos\varphi & 0 & -\sin\varphi \\ 0 & 1 & 0 \\ \sin\varphi & 0 & \cos\varphi \end{bmatrix} \begin{bmatrix} 1 & 0 & 0 \\ 0 & \cos\omega & -\sin\omega \\ 0 & \sin\omega & \cos\omega \end{bmatrix} \begin{bmatrix} \cos\kappa & -\sin\kappa & 0 \\ \sin\kappa & \cos\kappa & 0 \\ 0 & 0 & 1 \end{bmatrix} \\ &= \begin{bmatrix} a_1 & a_2 & a_3 \\ b_1 & b_2 & b_3 \\ c_1 & c_2 & c_3 \end{bmatrix} \end{aligned} \tag{2-4-8}$$

由此可见,通过空间直角变换矩阵 $\boldsymbol{R}$ 就可以实现像空间辅助坐标系到像空间坐标系的变换。其中变换矩阵就是以 y 轴为主轴的转角系统中 3 个顺次分解后的二维平面旋转矩阵的乘积 $\boldsymbol{R}_\varphi \boldsymbol{R}_\omega \boldsymbol{R}_\kappa$,从而利用数学方法实现了摄影时刻摄影像片姿态的几何反转。

3. 旋转矩阵与外方位角元素

显然在两个坐标系转换中,旋转矩阵 $\boldsymbol{R}$ 是一个非常重要的参数。如式(2-4-8)所示,利用线性代数方法将三个矩阵相乘并展开后最终得到的仍然是一个 3×3 的矩阵。旋转矩阵元素通常记为 a_1、a_2、a_3、b_1、b_2、b_3、c_1、c_2、c_3,称为 9 个方向余弦,表示每个元素的值为变换前后,坐标轴相应夹角的余弦,也是像片外方位元素 3 个角元素 $(\varphi, \omega, \kappa)$ 的函数。

同时由高等数学知识可知,一个坐标系按 3 个角元素顺次地绕坐标轴旋转即可变换成另一个同原点的坐标系,这种变换为正交变换。因此,旋转矩阵 $\boldsymbol{R}$ 就是一个 3×3 的正交矩阵。根据正交矩阵的性质(如 $\boldsymbol{R}\boldsymbol{R}^{\mathrm{T}}=\boldsymbol{I}$),就可以推导出 9 个方向余弦与 3 个角元素的关系式如下:

$$\begin{cases} a_1 = \cos\varphi\cos\kappa - \sin\varphi\sin\omega\sin\kappa \\ a_2 = -\cos\varphi\sin\kappa - \sin\varphi\sin\omega\cos\kappa \\ a_3 = -\sin\varphi\cos\omega \\ b_1 = \cos\omega\sin\kappa \\ b_2 = \cos\omega\cos\kappa \\ b_3 = -\sin\omega \\ c_1 = \sin\varphi\cos\kappa + \cos\varphi\sin\omega\sin\kappa \\ c_2 = -\sin\varphi\sin\kappa + \cos\varphi\sin\omega\cos\kappa \\ c_3 = \cos\varphi\cos\omega \end{cases} \tag{2-4-9}$$

从式(2-4-9)可以看出，$\pmb{R}$ 旋转矩阵只有 3 个独立参数。同理，可以推导出 3 个角元素与方向余弦之间的关系式为

$$\begin{cases} \varphi = -\arctan\left(\dfrac{a_3}{c_3}\right) \\ \omega = -\arcsin(b_3) \\ \kappa = -\arctan\left(\dfrac{b_1}{b_2}\right) \end{cases} \tag{2-4-10}$$

因此，如果已知一幅影像的 3 个姿态角就可以计算出 9 个方向余弦值，从而完成像空间坐标到像空间辅助坐标的定量转换。

总之在摄影测量常用的 7 套坐标系中，利用内方位元素的(x_0,y_0)分量通过坐标平移，将其转换至像平面坐标系；利用内方位元素的主距 f 再将其转换至三维像空间坐标系，然后利用外方位元素的角元素，通过空间直角坐标系的旋转变换，得到像空间辅助坐标系，最后利用线元素转换至地面摄测坐标系。前面几种转换过程及公式都已经搞清楚了，但如何将像空间辅助坐标系转换到地面摄测坐标系还需要做进一步研究。

因此，下一节的学习重点就是在已知像片 6 个外方位元素和像点的像空间辅助坐标的条件下，如何推知像点所对应地面模型点的坐标，从而完成像空间辅助坐标系到地面摄影测量坐标系之间的定量转换。

2.5　共线方程

2.5.1　共线条件

1. 三点共线原理

图 2.47 表明，对地表进行摄影瞬间摄影像片符合中心投影规律，也就是说在成像过程中，像点 a、地面点 A 和投影中心 S 三者在同一条直线上，称之为三点共线原理。

在 2.2.3 节学习地形起伏引起的像点位移规律时，就是通过三点一线的共线原理画图推导的。不过，这里的共线条件与像点位移中的共线原理侧重点不同，共线条件的目的是为了推导像方的像空间辅助坐标系与物方的地面摄测坐标系之间的关系。

图 2.47　三点共线原理

2. 共线条件

根据前面所学,像空间辅助坐标系与地面摄测坐标系的 3 个坐标轴相互平行,只是坐标原点不同。它们之间联系的纽带就是像片的外方位元素的 3 个线元素,即投影中心 S 的地面摄影测量坐标。由于像方的像空间辅助坐标描述的是像点坐标,物方坐标的地面摄测坐标描述的是地面模型点坐标,这两个坐标系,一个在空中而另一个在地面,那么两者之间的定量关系究竟如何呢?

如图 2.48 所示,像点 a 在像空间辅助坐标系 $S\text{-}XYZ$ 下的坐标为 (X,Y,Z),地面点在地面摄测坐标系 $M\text{-}X_{tp}Y_{tp}Z_{tp}$ 下的坐标为 (X_A,Y_A,Z_A)。摄影瞬间,投影中心 S、像点 a 和地面点 A 在一条直线上。已知 S 点的地面摄测坐标为 (X_S,Y_S,Z_S),由于两套坐标系的 3 个坐标轴相互平行,根据三角形相似原理通过作辅助线 SQ,可以推知地面摄测坐标系中地面 A 点与投影中心 S 的坐标差的 3 个分量 $X_A\text{-}X_S$,$Y_A\text{-}Y_S$ 和 $Z_A\text{-}Z_S$ 分别与像空间辅助坐标系的三个分量 X,Y 和 Z 成比例,即

$$\frac{X}{X_A-X_S}=\frac{Y}{Y_A-Y_S}=\frac{Z}{Z_A-Z_S}=\frac{1}{\lambda} \tag{2-5-1}$$

式中的 λ 称为点投影系数,每个像点与地面点都有不同的点投影系数,第 3 章将会应用,这里暂不做讨论。则式(2-5-1)称为共线条件,是中心投影构像方程的数学基础,也是摄影测量学中的一个基本理论知识,如单像空间后方交会等。

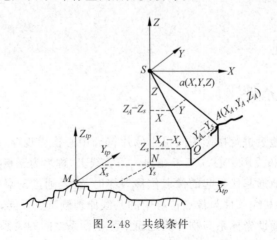

图 2.48　共线条件

2.5.2　共线条件方程

为了便于推导共线条件方程,需要回顾一下如何由像点坐标获得地面摄测坐标的相关知识(图 2.49)。首先在像片的框标坐标系下量测出像点坐标,根据内方位元素的(x_0, y_0)参数,转换成以像主点为原点的像平面坐标。然后根据内方位元素的 f 项获得像空间坐标。再结合像片外方位元素的角元素转换为像空间辅助坐标,最后根据线元素转换为地面摄影测量坐标系从而得到地面点坐标。

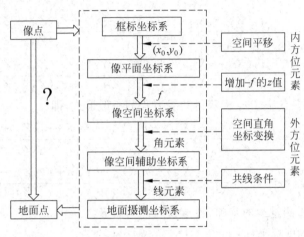

图 2.49　摄影测量常用坐标系与像片方位元素

框标坐标系到像平面坐标系通过坐标平移实现;像平面坐标系到像空间坐标系通过增加$-f$ 的 z 值实现;像空间坐标系到像空间辅助坐标系通过空间直角坐标变换实现;像空间辅助坐标系到地面摄影测量坐标系则通过共线条件实现转换。这样就可以实现从像点最初始框标坐标到最终对应地面点的地面摄影测量坐标的转换。但是这些过程和步骤都是分散的,需要分步骤进行。

那么如何直接由量测点的像平面坐标直接推导出地面摄影测量坐标? 本节就是要完成这样一个任务,即共线条件方程,在已知像点的像平面坐标和像片内外方位元素的条件下,如何由像点坐标推知地面模型点坐标关系。下面进行详细推导。

首先回忆一下空间直角坐标系的旋转变换规律。如果已知一幅影像的三个姿态角 φ、ω、κ 就可以计算出 9 个方向余弦值 $a_1 \sim c_3$,从而计算出像空间坐标系与像空间辅助坐标系的转换矩阵 $\boldsymbol{R}$,完成像空间坐标到像空间辅助坐标的定量转换。将三维坐标系旋转变换公式(2-4-7)进一步展开为

$$\begin{cases} x = -f \dfrac{a_1 X + b_1 Y + c_1 Z}{a_3 X + b_3 Y + c_3 Z} \\ y = -f \dfrac{a_2 X + b_2 Y + c_2 Z}{a_3 X + b_3 Y + c_3 Z} \end{cases} \tag{2-5-2}$$

等式的左边为像点坐标,等式右边为像点的像空间辅助坐标与方向余弦的关系式。

另外,由于摄影时刻像点 a、地面点 A 和摄影中心 S 三者在同一条直线上,符合共线条件,如果已知一幅影像外方位元素的三个线元素的摄测坐标(X_S, Y_S, Z_S),那么根据三角

形相似原理就可以根据式(2-5-1)获得像空间辅助坐标与地面摄测坐标之间的几何对应关系。将其进一步化简为

$$\begin{bmatrix} X \\ Y \\ Z \end{bmatrix} = \frac{1}{\lambda} \begin{bmatrix} X_A - X_S \\ Y_A - Y_S \\ Z_A - Z_S \end{bmatrix} \tag{2-5-3}$$

将式(2-5-3)代入式(2-5-2)中,进一步化简就可以推出共线条件方程式,简称共线方程,即

$$\begin{cases} x = -f \dfrac{a_1(X_A - X_S) + b_1(Y_A - Y_S) + c_1(Z_A - Z_S)}{a_3(X_A - X_S) + b_3(Y_A - Y_S) + c_3(Z_A - Z_S)} \\ y = -f \dfrac{a_2(X_A - X_S) + b_2(Y_A - Y_S) + c_2(Z_A - Z_S)}{a_3(X_A - X_S) + b_3(Y_A - Y_S) + c_3(Z_A - Z_S)} \end{cases} \tag{2-5-4}$$

同时,考虑到像主点 x_0, y_0 将获得共线方程的一般形式,即

$$\begin{cases} x - x_0 = -f \dfrac{a_1(X_A - X_S) + b_1(Y_A - Y_S) + c_1(Z_A - Z_S)}{a_3(X_A - X_S) + b_3(Y_A - Y_S) + c_3(Z_A - Z_S)} \\ y - y_0 = -f \dfrac{a_2(X_A - X_S) + b_2(Y_A - Y_S) + c_2(Z_A - Z_S)}{a_3(X_A - X_S) + b_3(Y_A - Y_S) + c_3(Z_A - Z_S)} \end{cases} \tag{2-5-5}$$

式(2-5-5)是摄影测量学的基础,各参数的含义如下:

x、y 表示像点的框标坐标;

x_0、y_0、f 为影像的内方位元素;

X_S、Y_S、Z_S 为摄站点或摄影中心的物方空间坐标;

X_A、Y_A、Z_A 为地面点的物方空间坐标;

$a_1 \sim c_3$ 为影像 3 个外方位元素组成的 9 个方向余弦。

如图 2.50 所示,共线方程直接表达了摄影瞬间,摄站点、像平面与地面之间的几何对应关系。如果已知像片的内、外方位元素就能够确定像点 a 和对应地面点 A 之间的几何关系。

除此之外,共线方程还有另一种形式,即反演公式(2-5-6)。由共线条件得到地面点与像点坐标、像片的方位元素之间的对应关系式。不过注意,式中 (x,y) 表示以像主点为原点的像点坐标。如果是框标坐标,则应写成 x-x_0,y-y_0。

图 2.50　共线条件方程

$$\begin{bmatrix} X_A \\ Y_A \\ Z_A \end{bmatrix} = \lambda \begin{bmatrix} a_1 & a_2 & a_3 \\ b_1 & b_2 & b_3 \\ c_1 & c_2 & c_3 \end{bmatrix} \begin{bmatrix} x \\ y \\ -f \end{bmatrix} + \begin{bmatrix} X_S \\ Y_S \\ Z_S \end{bmatrix} \tag{2-5-6}$$

不难发现,在以上两种共线方程公式中都没有包含像空间辅助坐标(X,Y,Z)。像空间辅助坐标系的作用就是联系像点的像方坐标与地面点的物方坐标的桥梁与纽带。大家要认真体会像空间辅助坐标系的过渡作用,深刻体会前辈们的创新思维。

共线条件方程是摄影测量学的基础,其应用非常广泛,主要包括以下几个方面:像点坐

标解求；单像空间后方交会和多像空间前方交会；摄影测量中的数字投影基础；航空影像模拟；光束法平差的基本数学模型；利用 DEM 制作数字正射影像图及利用 DEM 进行单张像片测图等。

2.5.3　有理函数模型

依据共线方程，如果已知相机检校参数，已知航摄像片在摄影时刻的位置和姿态，可以很容易确定像点坐标与地面点坐标的对应关系。现在有很多卫星都具有立体观测能力，如IKONOS、资源三号卫星等，那么这些卫星立体像对数据是如何实现解求像点与对应地面点之间的关系呢？

1. 有理函数模型法

由于卫星影像成像机理通常远比航空影像复杂得多，因此采用了一种叫有理函数模型的方法，简称 RFM(rational function model)，描述像点坐标与地面点坐标之间的关系。该方法不需要像片的内、外方位元素而回避了成像的几何过程，可以广泛地应用于现代多线阵影像的处理。

有理函数模型将像点坐标(r,c)表示为以相应地面点空间坐标(X,Y,Z)为自变量的多项式的比值。为了增强参数求解的稳定性，将像点坐标和地面坐标正则化为$-1\sim1$。针对线阵影像的特点，建立的有理多项式模型为

$$\begin{cases} r_n = \dfrac{p_1(X_n,Y_n,Z_n)}{p_2(X_n,Y_n,Z_n)} \\[3mm] c_n = \dfrac{p_3(X_n,Y_n,Z_n)}{p_4(X_n,Y_n,Z_n)} \end{cases} \tag{2-5-7}$$

式中，n 表示像素的行号和列号。4 个分子分母都是地面点坐标的多项式，一般最大的幂次不超过 3，每一项各个坐标分量幂的总和也不超过 3。因此，每个多项式的形式为

$$\begin{aligned} p = \sum_{i=0}^{m_1}\sum_{j=0}^{m_2}\sum_{k=0}^{m_3} a_{ijk}X^iY^jZ^k = {}& a_0 + a_1Z + a_2Y + \\ & a_3X + a_4ZY + a_5ZX + a_6YX + a_7Z^2 + \\ & a_8Y^2 + a_9X^2 + a_{10}ZYX + a_{11}Z^2Y + a_{12}Z^2X + \\ & a_{13}Y^2Z + a_{14}Y^2X + a_{15}ZX^2 + a_{16}YX^2 + \\ & a_{17}Z^3 + a_{18}Y^3 + a_{19}Z^3 \end{aligned} \tag{2-5-8}$$

式中，$a_0\sim a_{19}$ 为多项式系数。因此有理多项式可以写为

$$\begin{cases} r = \dfrac{(1\ Z\ Y\ X\ \cdots\ Y^3\ X^3)(a_0\ a_1\ \cdots\ a_{19})^{\mathrm{T}}}{(1\ Z\ Y\ X\ \cdots\ Y^3\ X^3)(1\ b_1\ \cdots\ b_{19})^{\mathrm{T}}} \\[3mm] c = \dfrac{(1\ Z\ Y\ X\ \cdots\ Y^3\ X^3)(c_0\ c_1\ \cdots\ c_{19})^{\mathrm{T}}}{(1\ Z\ Y\ X\ \cdots\ Y^3\ X^3)(1\ d_1\ \cdots\ d_{19})^{\mathrm{T}}} \end{cases} \tag{2-5-9}$$

在 RFM 中，由光学投影引起的畸变表示为一阶多项式，而地球曲率、大气折射、镜头畸变等的影像改正可由二阶多项式趋近，高阶部分的其他未知畸变可用三阶多项式模拟。

2. 有理多项式系数

有理函数模型中的多项式的系数又称为有理多项式的系数(rational polynomial coefficient,RFC),或称 RPC,它是空间变换数学模型的重要数据文件。不同的卫星传感器有理函数系数有所不同,IKONOS 卫星影像的 RPC 文件共包含 90 个参数,包括 80 个有理多项式系数,10 个规则化参数;而 Vorldview-2 卫星影像则提供了 92 个参数的 RPC 文件。

有理多项式系数 RPC 文件通常由卫星数据获取部门提供,文件格式为 ∗.rpc 或 ∗.rpb,通常用于进行遥感影像几何校正。图 2.51 是 2012 年订购的张掖市大野口流域 Vorldview-2 的 RPC 文件,其中包括 2 个偏移和边缘误差参数、10 个规则化参数和 80 个有理多项式系数。

```
satId = "WV02";
bandId = "P";
SpecId = "RPC00B";
BEGIN_GROUP = IMAGE
    errBias =   18.44;
    errRand =    0.12;
    lineOffset = 17038;
    sampOffset = 8964;
    latOffset =   38.5085;
    longOffset =  100.2636;
    heightOffset = 3367;
    lineScale = 17078;
    sampScale = 9185;
    latScale =    0.0773;
    longScale =    0.0526;
    heightScale = 1006;
lineNumCoef = (
    +7.666313E-04,
    -7.378828E-03,
    -1.004577E+00,
    +2.937227E-03,
    -4.614713E-06,
    -1.068018E-05,
    -2.138336E-04,
    -1.563547E-04,
    -3.890556E-04,
    +2.545927E-06,
    -1.564807E-06,
    +9.432459E-07,
    +8.823006E-07,
    -3.441827E-06,
    -1.272826E-06,
    -1.202599E-07,
    +8.982071E-07,
    +2.583152E-06,
    +1.349518E-06,
    +1.249535E-06);
lineDenCoef = (
    +1.000000E+00,
    -6.728974E-07,
    +3.795657E-04,
    -2.166507E-04,
    +9.045286E-07,
    -1.309775E-06,
    +1.985767E-07,
    -1.334987E-06,
    +0.000000E+00,
    +1.346496E-06,
    +1.132558E-06,
    -2.168046E-06,
    -1.072224E-06,
    +5.561635E-06,
    +2.457793E-06,
    +4.626322E-07,
    -1.169204E-06,
    -2.732377E-06,
    +6.184637E-07,
    -1.537789E-06);
sampNumCoet = (
    -1.251440E-03,
    +9.987644E-01,
    -2.569098E-02,
    +2.685528E-02,
    -5.533183E-04,
    +7.551519E-04,
    -4.790645E-04,
    +6.093596E-04,
    -3.488468E-05,
    +1.598840E-05,
    +4.035017E-07,
    -4.082088E-08,
    -1.291490E-06,
    +7.664334E-07,
    -7.321767E-08,
    +2.704101E-08,
    -1.486213E-06,
    +7.097525E-08,
    -8.782336E-07,
    -5.758301E-07);
sampDenCoef = (
    +1.000000E+00,
    +6.069577E-04,
    +5.322636E-04,
    -7.337289E-04,
    -5.016136E-07,
    +2.139298E-07,
    -3.712379E-07,
    +3.910813E-07,
    +9.852191E-07,
    -1.669301E-06,
    -1.234987E-06,
    +5.581866E-07,
    +1.082546E-06,
    -1.807845E-06,
    -1.019981E-06,
    -4.367641E-07,
    +2.620495E-06,
    +3.932477E-07,
    +4.290583E-07,
    +1.374745E-06);
END_GROUP = IMAGE
END;
```

图 2.51 Vorldview-2 的 RPC 文件

3. 有理函数模型的特点

共线方程是一种物理传感器模型,描述了传统框幅式相机在摄影瞬间像点坐标与对应地面点坐标的关系。相比共线方程,有理函数模型由于独立于摄影平台和传感器而适用于多种传感器。卫星遥感影像在成像过程中由于受到诸多复杂因素的影响,使各像点产生了不同程度的几何变形。因此,RFM 法无须知道任何摄影时刻有关的参数,如像片的内、外方位元素,从而回避了成像的几何过程,成为一种新型的传感器校正模型。

众所周知,从三维模型到二维图像运用的是投影变换,那么从二维图像重建三维模型信息用什么方法呢? 显然,RFM 提供了二维图像重建三维信息的通用转换标准。然而,RFM 存在一些不足:

(1) 有理函数模型定位方法无法为影像的局部变形建立模型;

(2) 模型中很多参数没有物理意义,无法对这些参数的作用和影响做出定性的解释;

(3) 计算过程中可能会出现分母过小或零分母,降低模型的稳定性;

(4) 有理多项式系数之间也有可能存在相关性,降低模型的稳定性;

(5) 如果影像的范围过大或者有高频的影像变形,则定位精度也无法保证。

因此,本课程主要是以传统的共线方程作为理论基础。

2.6 单幅影像解析基础

2.6.1 像片的内定向及作用

1. 内定向的含义

什么是内定向？模拟摄影测仪器将两张像片分别放在左右承像盘上,就能确定任意像点的平面位置。但在很多摄影测量理论中,经常需要像点坐标是以像主点为原点的像平面直角坐标,因此就需要内定向过程。传统摄影测量中内定向是指利用平面相似变换函数,将像片架坐标变换为以像主点为原点的像平面坐标的过程。

对于数字化影像,由于影像在扫描仪上的放置是任意的,因此所量测点的像点坐标也存在着从扫描坐标到像平面坐标的转换,也同样需要进行内定向。在模拟摄影测量中,像片内定向是通过安置仪器主距和归心装片[①]来完成。在解析摄影测量与数字摄影测量中,像片内定向则是通过输入像片主距 f、像主点坐标(x_0,y_0)和量测像片框标并进行相应计算来完成的。由于相机的频繁使用,像主点渐渐偏离框标坐标系的原点。通过内方位元素的(x_0,y_0)分量,就可以定量确定像片的框标坐标系和像平面坐标系的几何位置关系。

2. 内定向的任务

内定向最重要的一个任务就是将像点坐标转换为以像主点为原点的像平面直角坐标。内定向问题需要借助于像片框标来解决,像片框标有光学框标和机械框标两种。首先通过相机检校获得各个框标点的理论坐标。一般这个理论值是通过相机检定结果直接给出(图 2.52)。

主点坐标(x)	0.0	
主点坐标(y)	0.0	
主距(f)	153.56	
框标点坐标		
编号	X	Y
1	-106.000000	106.000000
2	106.000000	106.000000
3	106.000000	-106.000000
4	-106.000000	-106.000000
坐标系	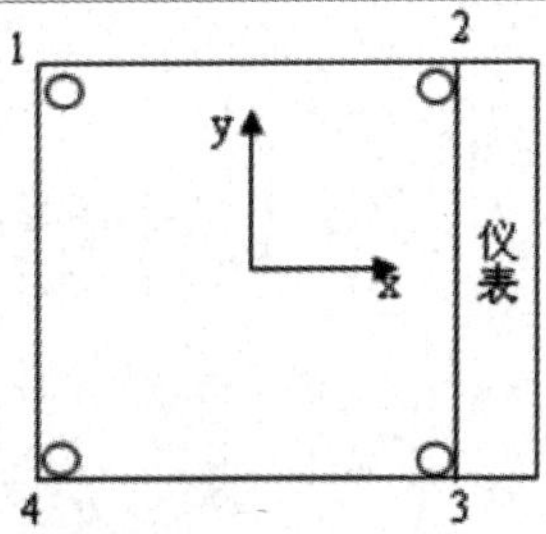	

图 2.52 相机检校文件

---

① 归心装片是指通过移动和旋转像片,使像片的像主点与仪器的像主点重合。

同时在像片上,框标的坐标也可以直接量测出来。如图 2.53 所示,将测标切准每个光标中心点位置,精确量测框标点坐标。每个框标点有两套坐标,一个是理论坐标,一个是影像测量的坐标。

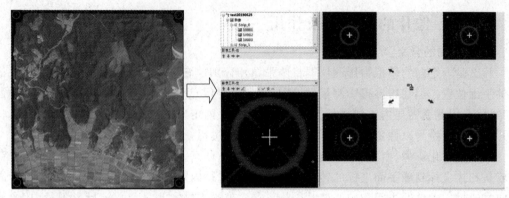

图 2.53　内定向

3. 内定向计算原理

由于像片本身存在感光材料变形误差与光学畸变差,内定向除了计算像点像平面坐标外(图 2.54),还可以部分改正这些畸变差。但是镜头畸变、大气遮光畸变、地球曲率等引起的像点坐标畸变还需要专门进行像点误差改正,这里暂不涉及。

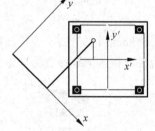

图 2.54　内定向

内定向通常采用多项式变换公式,用矩阵表示为

$$x = Ax' + t \qquad (2\text{-}6\text{-}1)$$

式中: x 表示量测的像点; x' 表示理论坐标; A 为变换矩阵; t 为变换参数。

常采用的多项式公式有正形变换、仿射变化或者是双线性变换,其计算公式如下所示。

正形变换:

$$\begin{cases} x' = a_0 + a_1 x - a_2 y \\ y' = b_0 + a_2 x + a_1 y \end{cases} \qquad (2\text{-}6\text{-}2)$$

仿射变换:

$$\begin{cases} x' = a_0 + a_1 x + a_2 y \\ y' = b_0 + b_1 x + b_2 y \end{cases} \qquad (2\text{-}6\text{-}3)$$

双线性变换:

$$\begin{cases} x' = a_0 + a_1 x + a_2 y + a_3 xy \\ y' = b_0 + b_1 x + b_2 y + b_3 xy \end{cases} \qquad (2\text{-}6\text{-}4)$$

因此,根据每个框标点的理论坐标和测量坐标,代入多项式可列出 $2n$ 个方程式, n 为框标数目。若量测了 3 个框标一般选择使用正形变换公式(2-6-2);如果量测了 4 个框标常采用仿射变换式(2-6-3);如果量测了 8 个框标通常选择双线性变换式(2-6-4)。最后,利用解析计算的方法解求出相应多项式的各个系数,从而获得任意量测点的像平面坐标。

从以上内定向的过程可以看出,摄影像片的内定向变换原理类似于"遥感概论"课程中的遥感影像几何校正。事实上,要确定校正前后两个平面之间的关系,从数学角度看就是要确定变换前后两个模型的对应关系。首先需要利用一定数量的同时拥有两套坐标的框标点或地面控制点代入校正模型,计算出模型系数从而确定变换模型,然后利用变换模型就可以计算任意像点的校正后坐标。

总之,内定向的操作步骤如下:

(1) 选取内定向数学模型;

(2) 读取标准框标点在框标坐标系中的理论坐标;

(3) 人工量测框标中心(或自动量测)。

4. 内定向的作用

一般而言,内定向有两个作用:一是通过内定向将像点坐标转换为以像主点为原点的像平面直角坐标,这是内定向的主要目的;二是通过内定向实现了像点畸变改正从而提高像点坐标精度,这是进行内定向的附加作用。

严格的改正底片变形的方法是利用网格摄影机,即在承影面位置上带有精密方型格网的玻璃板。在量测了全部网格点坐标后,采用高次正形变换或三次多项式来测定所有网格点处的像点变形误差。然而,一方面此方法量测工作量成倍增加,另一方面格网的构象会妨碍立体观测,所以网格摄影机应用并不广泛。

2.6.2　单像空间后方交会

在学习单像空间后方交会前,大家先回答两个思考题:(1)像片外方位元素有哪些重要性?(2)如何获取像片的外方位元素?

像片的内方位元素将像平面和投影中心融为一体,即确定了摄影光束。像片的外方位元素描述的是摄影时刻像片和地面之间的相互位置关系,包含了两个参数,即 3 个线要素和 3 个角要素。其重要性体现在以下 3 个方面:连接了像空间辅助坐标系和地面摄影测量坐标系;实现摄影过程的几何反转;是推导共线条件和共线方程的基础参数。

正是由于像片外方位元素的重要性,在传统的摄影测量中如何得到准确的像片外方位元素一直是摄影测量工作者所探讨的问题。随着现代空间技术的发展,利用雷达、全球定位系统(GPS)、惯性导航系统(IMU)以及星相摄影机来获取像片的外方位元素。甚至现在很多无人机,如大疆精灵 4P 等都搭载了 POS 系统(GPS+IMU)。但外方位元素的求解精度依然无法保障,就更不用说早期摄影测量时代了。

1. 单像空间后方交会定义

单像空间后方交会是传统摄影测量像片外方位元素的解求方法。根据影像覆盖范围内一定数量的分布合理的地面控制点(已知其像点和地面点的坐标),利用共线条件方程求解像片外方位元素,这种方法称为单像空间后方交会。

从前几节内容可知,在对地面进行摄影时,像片面与地面之间的关系是确定的,但是当人们拿到摄影像片后这种关系就消失了。因此需要利用单像空间后方交会方法恢复摄影时刻的姿态,解求像片外方位元素。

空间后方交会与"测量学"课程中的前方交会或后方交会完全不同。下面举例分析三者之间的区别。如图 2.55 所示,已知空间位置的 3 个点 A、B、C,解求未知坐标的 P 点。分

别在已知点 A、B、C 上架设经纬仪,通过测量与 P 点的水平角与垂直角推知 P 点坐标称为前方交会。如果站点设在 P 点,分别观测与已知点 A、B、C 的水平角与垂直角则属于后方交会。而在单像空间后方交会中,已知的是地面点坐标,解求的是像片在空间的姿态,其实质是从地面推导空中信息的过程。

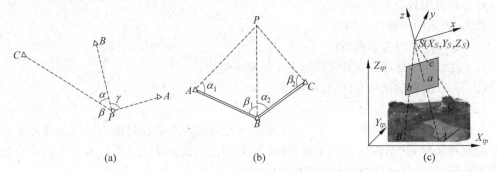

图 2.55 单像空间后方交会
(a) 前方交会;(b) 后方交会;(c) 单像空间后方交会

共线条件方程联系了像点与地面点坐标,是单像空间后方交会的数学基础。根据一定数据量且分布合理的地面控制点,推导出像片的外方位元素。这是本课程截至目前,第一次真正地解决摄影测量的基本问题。

2. 像控点

解求单像空间后方交会的已知条件包括像片的内方位元素、地面控制点坐标,以及地面控制点所对应像点的像平面坐标。值得注意的是,在摄影测量中这种地面控制点常常称为像控点。与普通测量学中的地面控制点有所不同,像控点不仅需要提供地面控制点的精确物方坐标,还要确定该控制点在摄影像片上的精确位置。图 2.56 描述了 03 号像控点成果信息,通常将控制点刺在不同影像空间尺度上(一般是 3 级影像),还要提供控制点坐标信息和点位详细说明。

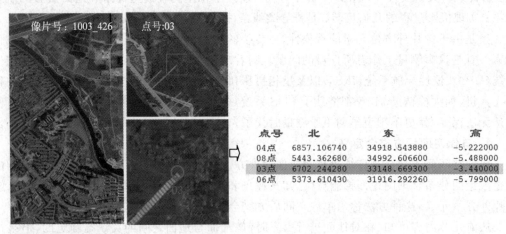

点号	北	东	高
04点	6857.106740	34918.543880	-5.222000
08点	5443.362680	34992.606600	-5.488000
03点	6702.244280	33148.669300	-3.440000
06点	5373.610430	31916.292260	-5.799000

刺点说明:石板路东北角

图 2.56 像控点成果(有彩图)

为了提高像片外方位元素求解精度,单像空间后方交会中的像控点分布要合理,图 2.57 是一个立体像对上像控点空间位置布设情况。像控点点位空间分布尽量均匀,一般布设在像片的 6 个标准点位上。所谓的标准点位主要分布在 2 张影像对应的像主点位置附近,以及垂直像主点连线上与旁向重叠中线交线附近,标准点位具体分布要求第 4 章将会详细讲解。

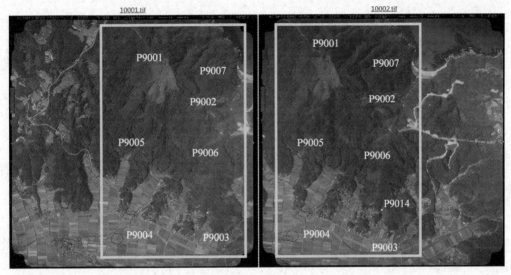

图 2.57　立体像对的像控点空间分布

3. 单像空间后方交会求解

共线方程是单像空间后方交会的理论依据,已知条件包括像片的内方位元素和地面控制点坐标以及地面控制点所对应的像点的像平面坐标。那么如何利用共线方程求解像片 6 个外方位元素?仔细分析发现,共线方程中观测值与未知数是非线性的。人们熟悉线性方程解求方法,对非线性方程求解比较陌生。为了便于解求外方位元素,首先要求对共线方程进行线性化处理。

18 世纪由英国数学家泰勒提出了泰勒公式,利用函数在某点的信息描述其附近取值的公式。如果函数足够平滑,在能够获得函数在某一点处各阶导数值的情况之下,泰勒公式(2-6-5)能够利用这些导数值构建一个多项式,近似解求函数在这一点的近似值。

$$f(x) = \frac{f(x_0)}{0!} + \frac{f'(x_0)}{1!}(x - x_0) + \frac{f''(x_0)}{2!}(x - x_0)^2 + \cdots +$$

$$\frac{f^{(n)}(x_0)}{n!}(x - x_0)^n + R_n(x) \tag{2-6-5}$$

摄影测量常常选择泰勒公式一阶展开多项式完成对非线性公式的线性化过程。若函数 $f(x)$ 在 x_0 处具有一阶导数,那么可以用 x_0 的一阶导数值作为系数,构造一个关于 $x - x_0$ 的 1 次多项式来逼近函数 $f(x)$,即

$$f(x) = \frac{f(x_0)}{0!} + \frac{f'(x_0)}{1!}(x - x_0) \tag{2-6-6}$$

另外,只要是测量都会产生误差。在测量学中,一般认为观测值+观测值的改正数就是真值,同时在数学中认为近似值+近似值的改正数也是真值。因此,就可以构建这样一个误差方程式:

$$观测值＋观测值的改正数＝近似值＋近似值的改正数 \quad (2\text{-}6\text{-}7)$$

式(2-6-7)中,观测值是像点坐标,观测值＋观测值的改正数通常用 $x+v_x$ 来表示。如果用 (x) 表示近似值,$\mathrm{d}x$ 表示近似值的改正数,那么就可以用泰勒级数一阶展开,即

$$x + v_x = (x) + \mathrm{d}x \quad (2\text{-}6\text{-}8)$$

在误差方程中,x 是观测值表示像点坐标测量值。(x) 是近似值,通过将未知数的初值代入共线方程获得。近似值的改正数 $\mathrm{d}x$ 是一阶偏导数与未知数的改正数的乘积,其中一阶偏导数可以直接计算。观测值的改正数 v_x 则是通过将 x,(x) 和 $\mathrm{d}x$ 代入式(2-6-8)中进行迭代计算使得像点坐标量测误差满足用户要求,比如小于某一限差或迭代次数达到某一规定值。

同样地,对于 y 分量线性化过程类似,也可以写出线性化公式:

$$y + v_y = (y) + \mathrm{d}y \quad (2\text{-}6\text{-}9)$$

将两个线性化公式(2-6-8)和式(2-6-9)称为误差方程,从而完成了对共线方程的线性化过程,即

$$\begin{cases} v_x = \dfrac{\partial x}{\partial \varphi}\Delta\varphi + \dfrac{\partial x}{\partial \omega}\Delta\omega + \dfrac{\partial x}{\partial \kappa}\Delta\kappa + \dfrac{\partial x}{\partial X_S}\Delta X_S + \dfrac{\partial x}{\partial Y_S}\Delta Y_S + \dfrac{\partial x}{\partial Z_S}\Delta Z_S + (x) - x \\[3mm] v_y = \dfrac{\partial y}{\partial \varphi}\Delta\varphi + \dfrac{\partial y}{\partial \omega}\Delta\omega + \dfrac{\partial y}{\partial \kappa}\Delta\kappa + \dfrac{\partial y}{\partial X_S}\Delta X_S + \dfrac{\partial y}{\partial Y_S}\Delta Y_S + \dfrac{\partial y}{\partial Z_S}\Delta Z_S + (y) - y \end{cases} \quad (2\text{-}6\text{-}10)$$

当然,如果内方位元素也是未知数,控制点坐标精度也存在误差,那么误差方程中的未知数就会增加,误差方程就可以扩展成公式:

$$\begin{cases} v_x = \dfrac{\partial x}{\partial \varphi}\Delta\varphi + \dfrac{\partial x}{\partial \omega}\Delta\omega + \dfrac{\partial x}{\partial \kappa}\Delta\kappa + \dfrac{\partial x}{\partial X_S}\Delta X_S + \dfrac{\partial x}{\partial Y_S}\Delta Y_S + \dfrac{\partial x}{\partial Z_S}\Delta Z_S + \dfrac{\partial x}{\partial X}\Delta X + \\[3mm] \qquad \dfrac{\partial x}{\partial Y}\Delta Y + \dfrac{\partial x}{\partial Z}\Delta Z + \dfrac{\partial x}{\partial x_0}\Delta x_0 + \dfrac{\partial x}{\partial y_0}\Delta y_0 + \dfrac{\partial x}{\partial f}\Delta f + (x) - x \\[3mm] v_y = \dfrac{\partial y}{\partial \varphi}\Delta\varphi + \dfrac{\partial y}{\partial \omega}\Delta\omega + \dfrac{\partial y}{\partial \kappa}\Delta\kappa + \dfrac{\partial y}{\partial X_S}\Delta X_S + \dfrac{\partial y}{\partial Y_S}\Delta Y_S + \dfrac{\partial y}{\partial Z_S}\Delta Z_S + \dfrac{\partial y}{\partial X}\Delta X + \\[3mm] \qquad \dfrac{\partial y}{\partial Y}\Delta Y + \dfrac{\partial y}{\partial Z}\Delta Z + \dfrac{\partial y}{\partial x_0}\Delta x_0 + \dfrac{\partial y}{\partial y_0}\Delta y_0 + \dfrac{\partial y}{\partial f}\Delta f + (y) - y \end{cases} \quad (2\text{-}6\text{-}11)$$

但一般情况下像片内方位元素已知,控制点坐标也被认为是精确的。在不考虑控制点误差的情况下,利用若干控制点的误差方程可写成矩阵形式:

$$\boldsymbol{V} = \boldsymbol{A}\boldsymbol{x} - \boldsymbol{l} \quad (2\text{-}6\text{-}12)$$

其中四个分量分别写为

$$\boldsymbol{V} = \begin{bmatrix} v_x \\ v_y \end{bmatrix}, \quad \boldsymbol{x} = \begin{bmatrix} \Delta X_S \\ \Delta Y_S \\ \Delta Z_S \\ \Delta\varphi \\ \Delta\omega \\ \Delta\kappa \end{bmatrix}, \quad \boldsymbol{l} = \begin{bmatrix} x - (x) \\ y - (y) \end{bmatrix} \quad (2\text{-}6\text{-}13)$$

$$\boldsymbol{A} = \begin{bmatrix} a_{11} & a_{12} & a_{13} & a_{14} & a_{15} & a_{16} \\ a_{21} & a_{22} & a_{23} & a_{24} & a_{25} & a_{26} \end{bmatrix}$$

为了便于计算各偏导数,将共线方程进一步变换为式(2-6-14),从而获得系数矩阵 $\boldsymbol{A}$。

$$
\begin{cases}
x - x_0 = -f\,\dfrac{a_1(X-X_S)+b_1(Y-Y_S)+c_1(Z-Z_S)}{a_3(X-X_S)+b_3(Y-Y_S)+c_3(Z-Z_S)} = -f\,\dfrac{\overline{X}}{\overline{Z}} \\[4mm]
y - y_0 = -f\,\dfrac{a_2(X-X_S)+b_2(Y-Y_S)+c_2(Z-Z_S)}{a_3(X-X_S)+b_3(Y-Y_S)+c_3(Z-Z_S)} = -f\,\dfrac{\overline{Y}}{\overline{Z}}
\end{cases}
\tag{2-6-14}
$$

当垂直摄影时,$\varphi=\omega=0$,就可以推导出各系数值为

$$
\begin{cases}
a_{11} = -\dfrac{f}{H}\cos\kappa \\[3mm]
a_{12} = -\dfrac{f}{H}\sin\kappa \\[3mm]
a_{13} = -\dfrac{x-x_0}{H} \\[3mm]
a_{14} = -\left(f+\dfrac{(x-x_0)^2}{f}\right)\cos\kappa + \dfrac{(x-x_0)(y-y_0)}{f}\sin\kappa \\[3mm]
a_{15} = -\dfrac{(x-x_0)(y-y_0)}{f}\cos\kappa - \left(f+\dfrac{(x-x_0)^2}{f}\right)\sin\kappa \\[3mm]
a_{16} = +(y-y_0)
\end{cases}
\tag{2-6-15}
$$

$$
\begin{cases}
a_{21} = +\dfrac{f}{H}\sin\kappa \\[3mm]
a_{22} = -\dfrac{f}{H}\cos\kappa \\[3mm]
a_{23} = -\dfrac{y-y_0}{H} \\[3mm]
a_{24} = -\dfrac{(x-x_0)(y-y_0)}{f}\cos\kappa + \left(f+\dfrac{(y-y_0)^2}{f}\right)\sin\kappa \\[3mm]
a_{25} = -\left(f+\dfrac{(y-y_0)^2}{f}\right)\cos\kappa - \dfrac{(x-x_0)(y-y_0)}{f}\sin\kappa \\[3mm]
a_{26} = -(x-x_0)
\end{cases}
\tag{2-6-16}
$$

下面开始解方程。根据最小二乘间接平差,可以列出法方程为

$$
\boldsymbol{A}^{\mathrm{T}}\boldsymbol{PAX} = \boldsymbol{A}^{\mathrm{T}}\boldsymbol{Pl}
\tag{2-6-17}
$$

其中,$\boldsymbol{P}$ 为观测值的权矩阵,反映了观测值的量测精度,对所有像点坐标的观测值,一般认为是等精度量测,则 $\boldsymbol{P}$ 为单位阵,所以法方程为

$$
\boldsymbol{X} = (\boldsymbol{A}^{\mathrm{T}}\boldsymbol{A})^{-1}(\boldsymbol{A}^{\mathrm{T}}\boldsymbol{l})
\tag{2-6-18}
$$

由于共线方程在线性化中各系数取自泰勒级数展开式的一次项,且未知数的初值都比较粗略,因此计算需要迭代进行。每次迭代时用未知数近似值与上次迭代计算的改正数之和作为新的近似值,重复计算过程,求出新的改正数,这样反复趋近,直到改正数小于某一限差为止(通常对 φ,ω,κ 的改正数 $\Delta\varphi,\Delta\omega,\Delta\kappa$ 给予限差 $0.1''$),或者迭代次数达到规定为止,迭代结束。最后未知数的初值加上 n 次改正数累加值,就能得到外方位元素的精确值了。

$$\begin{cases} X_S = X_S^0 + \Delta X_S^1 + \Delta X_S^2 + \Delta X_S^3 + \cdots \\ Y_S = Y_S^0 + \Delta Y_S^1 + \Delta Y_S^2 + \Delta Y_S^3 + \cdots \\ Z_S = Z_S^0 + \Delta Z_S^1 + \Delta Z_S^2 + \Delta Z_S^3 + \cdots \\ \varphi = \varphi^0 + \Delta\varphi^1 + \Delta\varphi^2 + \Delta\varphi^3 + \cdots \\ \omega = \omega^0 + \Delta\omega^1 + \Delta\omega^2 + \Delta\omega^3 + \cdots \\ \kappa = \kappa^0 + \Delta\kappa^1 + \Delta\kappa^2 + \Delta\kappa^3 + \cdots \end{cases} \tag{2-6-19}$$

4. 小结

本节解方程的方法与中学数学解法不同。其实,这种利用未知数初值的迭代求解方法应用非常广泛,比如现在比较流行的数据同化方法。近年来天气预报系统比以往更加准确,已经成为人们日常生活的一部分,每天早上起床的第一件事就是查看天气预报。而天气预报就是运用数据同化对复杂多变的天气进行预测的,称为数值天气预报。首先使用大型计算集群求解离散化的大气运动原始方程组,为方程组输入基于观测的预报初始场和边界场,即初值,然后根据实时气象台站或气象卫星观测数据进行迭代计算或逼近,最后预测出未来几小时或几天天气情况。这种数据处理方法需要掌握,因为这种线性化处理方法在解析摄影测量中经常用到。

下面,对单像空间后方交会求解过程进行总结。

(1) 已知数据获取:从摄影资料中查取影像比例尺分母 m,即平均航高、内方位元素 x_0、y_0、f,获取控制点坐标(X_{tp}, Y_{tp}, Z_{tp})。

(2) 控制点像点坐标量测,注意进行必要的像点误差改正,通过内定向进行。

(3) 未知数初值确定,即对 6 个外方位元素的初值进行粗略估算。在竖直摄影且地面控制点大体对称分布情况下,初值设置如下:

$$X_S^0 = \frac{1}{n}\sum_{i=1}^{n} X_{tpi}, \quad Y_S^0 = \frac{1}{n}\sum_{i=1}^{n} Y_{tpi}, \quad Z_S^0 = H = mf, \quad \varphi^0 = \omega^0 = 0 \tag{2-6-20}$$

其中 X_S^0 与 Y_S^0 分别是 n 个地面控制点 x 与 y 分量的平均值。而 k 初值可在航迹图上找出。

(4) 组成误差方程式并按最小二乘原理进行法化。

(5) 解求外方位元素改正数。

(6) 检查迭代是否收敛。

(7) 精度估算。

同时,根据单像空间后方交会的精度评估式(2-6-21),就可以推导出第 i 个未知数的中误差,即

$$m_i = \sigma_0 \sqrt{\boldsymbol{Q}_{ii}}, \quad \sigma_0 = \sqrt{\frac{\boldsymbol{V}^{\mathrm{T}}\boldsymbol{V}}{2n-6}}, \quad \boldsymbol{Q}_{ii} = (\boldsymbol{A}^{\mathrm{T}}\boldsymbol{A})^{-1} \tag{2-6-21}$$

习题与思考题

1. 传统摄影测量对航空摄影质量有哪些要求?

2. 什么是中心投影? 中心投影的影像有什么特点?

3. 方位元素在常见摄影测量坐标系转换中分别起什么样的作用?

第 3 章

双像立体测图

3.1 人造立体视觉

3.1.1 人造立体视觉原理

1. 双像立体测图

双像顾名思义就是一个立体像对。第 2 章介绍了共线方程,在单张影像中如果知道像片的内、外方位元素就可以确定像点、地面点和投影中心之间的关系,就能够准确知道像点与地面点的对应关系。那为什么还要学习立体像对,在双像立体上对其进行对地量测呢?

下面,分别从数学方程与人眼立体视觉两个方面来回答这个问题。

首先,从数学方程求解的角度看。如果像片的 9 个方位元素已知,像点坐标可以量测,只有地面点坐标是未知数,根据共线方程可以列出 2 个关于像点坐标 (x,y) 与地面点坐标 (X_A,Y_A,Z_A) 之间的关系式。利用 2 个方程解求 3 个未知数,显然单张像片提供的方程是欠定的,也就是未知数的个数大于方程的个数,无法求解方程。如果提供的是一个立体像对,那么对应地面点的三维坐标就能够解求了。因为地面点在左、右两张像片上分别对应 1 个像点,在左、右像片上分别能够列出 2 个方程,这样利用 4 个方程求解 3 个未知数,就可以轻松地获得地面点坐标。这是从数学角度分析为什么要进行双像立体测图的原因之一。

其次,从人眼立体视觉角度看。地球上能够感知阳光的高级动物都有一对以上的眼睛,单眼难以区分远近,如独眼龙或神话中的独眼巨人等。根据小孔成像原理,三维世界被压缩到二维表面(如像片或视网膜),损失的正是远近或深度信息。比如图 3.1 中,单眼观测 A 地物,其像点可能会出现在虚线的任何一个地方,观察 B 点地物也出现类似情形。因为 A、B 在虚线上移动,不会影响眼睛里的 a、b 像点位置。大家可以把一只眼睛闭紧,仅用另一只眼睛观察周围地物,试试看有什么效果,应该分辨不出物体远近。但可能由于人们的习惯问题,短时间内还不能感觉出单只眼睛只能判断方向的事实。如果是真正的独眼龙或独眼巨人,则只能分清 A、B 的左右位置,无法辨认 A、B 物体的远近,以及它们间的相对距离。事实上普通人眼看物体就是通过左右眼睛交会的方法确定地物的准确位置。

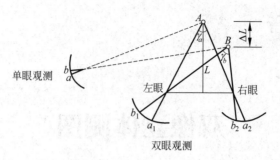

图 3.1　人眼立体视觉

同理,单幅影像只能确定地物点所在的空间方向,不能够确定物体的空间位置。所以要准确地对地量测,需要在双像构成的三维立体模型上进行。

2. 人眼的基本构造

人眼是摄影测量进行双像立体观测的重要手段。如图 3.2 所示,人眼是一个天然的光学系统,好比一架自动调光的摄影机。水晶体如同摄影机物镜,且能够自动改变焦距,使观察不同远近物体时视网膜上都能够得到清晰的物像。瞳孔好比摄影机光圈,可以控制曝光量能够自动根据周围环境的光线条件调节大小。网膜好比相机的感光材料(如胶卷底片),能够接收物体的影像信息。网膜窝则是像片的像主点。

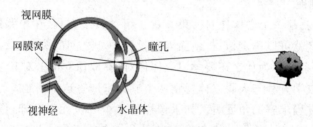

图 3.2　人眼的基本构成

人的双眼究竟为什么能观察景物的远近呢?请大家观察图 3.3,人的两只眼睛看同一个地物 A 和 B 会有什么不同呢?人们发现两只眼睛同时看 A 物体和 B 物体的时候,产生了交会角的不同。像点在视网膜上的弧长相当于像片上的横坐标;各同名点在双眼网膜上产生的两段弧长之差,称为左右视差,分别记作 P_A 和 P_B。两地面点的左右视差之差又称为左右视差较,以 ΔP 表示,也称为生理视差。因此,由于 AB 两点在眼中构像

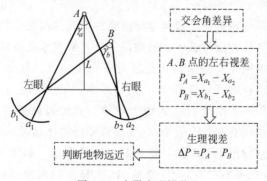

图 3.3　人眼生理视差

存在着生理视差,通过人的大脑就能做出物体远近的判断。而地物交会角的不同引起的生理视差则相当于在左右两张像片上 x 坐标之差,因此通过左右像片就能够判断物体远近或高低。

3. 人眼分辨力

由于地物交会角的不同引起生理视差,从而通过人的大脑判断出物体的远近。然而,人眼要分辨出物体两点的远近其关键在于人眼的分辨能力与观察能力。

人眼的分辨能力经研究证明是由视神经细胞决定的。若两个物点的影像落在同一视神经细胞内,人眼就分辨不出这是两个像点,即不能分辨这两个地物。单眼能够判别最小物体的能力称为单眼分辨力;用单眼能分辨出两点间最小的距离,称为单个眼睛的第一分辨率(图 3.4);单眼能分辨出两条平行线间的距离称为第二分辨率。显然,第二分辨力高于第一分辨力,因为两条平行线会落在多个神经细胞上从而提高了分辨能力。人眼的分辨能力是有限的,通常第一分辨力为 $45''$,第二分辨力为 $20''$。

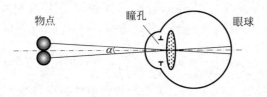

图 3.4　人眼分辨力

双眼比单眼的分辨力高,当人们双眼观察物体时,由于是立体观测因此双眼分辨精度要比单眼提高 $\sqrt{2}$ 倍。所以,双眼观测一个点状物体的分辨力为 $30''$,观测线状物体的分辨力为 $12''$。当然有很多动物具有复眼,其分辨力会更高,这里暂不讨论。

4. 人眼观察力

图 3.5 表明,人眼观察 A、B 两个物体时,交会角 γ、眼基线 b_r 与观测距离 L 有这样的关系

$$\tan\left(\frac{\gamma}{2}\right) = \frac{b_r}{2L}, \quad \gamma \approx \frac{b_r}{L} \tag{3-1-1}$$

进一步得到交会角差与视距的关系为

$$d\gamma = -\frac{b_r}{L^2} \cdot dL \tag{3-1-2}$$

人眼要分辨出物体 A、B 的远近,就要使交会角的差异能被人眼辨别,即 $d\gamma$ 最小为 $30''$,以上两个公式整理后可写为

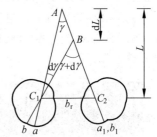

图 3.5　人眼分辨力

$$dL = -\frac{b_r dr}{\gamma^2} = -\frac{L^2}{b_r} \cdot \frac{\sigma}{f_r} \tag{3-1-3}$$

因此,当人眼观察 50m 处景物时,设双眼观察的分辨力为 $30''$,人眼基线长 65mm,人眼主距为 17mm,则 $dL = 5.6$m。也就是说,人眼观察 50m 处的景物时能分辨地物点远近的最小距离差为 5.6m(图 3.6)。小于此距离差则两点之间的远近就分辨不出来了。同理,如果观察的是线状目标,则对 50m 处的景物分辨远近的能力约为 2.5m。

人眼分辨远近物点的极限距离是多少呢?根据公式(3-1-4),如果以 $\Delta Y_{min} = 30''$ 作为分

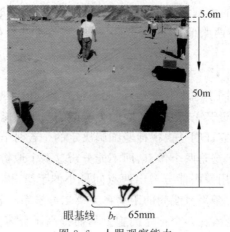

图 3.6 人眼观察能力

辨物点的最佳值,人眼的基线为 65mm,计算出人眼能分辨点状地物远近的最大距离是 450m。如果超过 450m 了,这两个地物点就不容易再分辨了,这就是人眼分辨远近的极限。

$$L_{\max} = \frac{b_{\mathrm{r}}}{\Delta\gamma_{\min}}\rho'' = \frac{65\mathrm{mm}}{30} \times 207692\mathrm{m} = 450\mathrm{m} \tag{3-1-4}$$

其中,眼基线就是人的双眼之间的距离,类似于摄影中的摄影基线。人类的眼基线有个体差异,但差异是比较小的,人眼里的基线大概是 65mm。

5. 人造立体视觉

什么是人造立体视觉?如图 3.7(a)所示,请大家用双眼分别观察这 2 张图片。切记一定要仔细盯,试试会看到什么神奇的画面?有人已经看出来了,左图是几艘帆船在海洋上航行,远处是森林,天上飘着朵朵白云。右图是一个南瓜状的立体图,中间镶嵌着南瓜的图片,且场景中有 9 组"刘红石作品"的字样。请大家带上红绿立体眼镜再看看图 3.7(b),很容易看到人们在电影院看立体电影的逼真三维场面,一位男主人公的一个拳头就像正朝我们打来,场面非常震撼。显然,通过观察图中的三张图片,人们就能够得到真实的三维模型,也就是立体视觉。

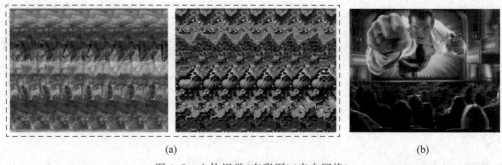

(a)   (b)

图 3.7 立体视觉(有彩图)(来自网络)

(a) 三维立体图;(b) 3D 电影

那么,人们为什么通过观测这样的图片就能够得到栩栩如生的三维立体视觉呢?接下来,我们做一个小实验来说明原理。

如图 3.8(a)所示,在眼前放置两个物体 A 和 B,当大家用双眼同时观察空间远近不同的这两个物体时,由于远近不同形成交会角的差异,在人眼中产生了生理视差,就得到一个立体视觉能够判断地物远近。这时,如果在眼睛的前面各放置一块毛玻璃片,如图 3.8(b) 中的 P 和 P',把看到的影像分别记录在毛玻璃片上,分别记为 a、b、a' 和 b',然后移开实物 A、B。此时,双眼再继续观察玻璃片上的 a、b 与 a'、b' 的影像。接下来奇迹就发生了,虽然实物已经被移走了,但两眼中同样会交会出与实物一模一样的两个物体 A 和 B。显然,观看毛玻璃上的这两幅影像也在眼中产生与实物相同的生理视差,能分辨出物体的远近。

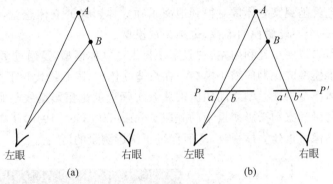

图 3.8 人造立体视觉
(a) 双眼观察实物;(b) 双眼观察人造立体

根据这个原理,在 P 和 P' 两个位置上,放置用摄影机摄的同一景物的两张像片,这两张像片称为立体像对。当左、右眼各看一张相应像片时(即左眼看左像片,右眼看右像片),就可以感觉到与实物一样的地面景物的存在,在眼中同样产生了生理视差,能够分辨出物体的远近,这种观察立体像对得到地面景物立体影像的立体感觉称为人造立体视觉。

如图 3.9 所示,按照立体视觉原理,只要在一条摄影基线的两端用摄影机获取同一地物的两张影像,即在不同位置获得目标地物的一个立体像对,然后构造人造立体视觉,那么通过立体观察就能够重现物体的空间景观,从而在三维模型基础上绘制物体的几何特征,获得三维坐标。这就是摄影测量进行三维坐标测量的理论基础。

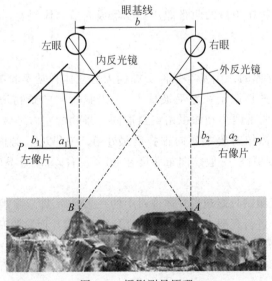

图 3.9 摄影测量原理

细心的人们就会发现,形成上面这个人造立体视觉的实验是有一定条件的,比如在将实物拿掉前后,人的左、右眼睛没有移动位置;物体成像在毛玻璃上的过程中,物体 A、B 也没有挪动位置。显然,在摄影测量中,能够在人眼中形成人造立体视觉是有相当苛刻条件的。

3.1.2 人造立体视觉条件

1. 人造立体视觉与摄影测量原理

人造立体视觉就是观察立体像对得到地面景物立体影像的立体感觉,其实就是景物虚拟的三维模型,是一个不能触摸的虚像,也称为视模型。

如图 3.10 所示,视模型是利用左、右眼睛获得人造立体模型,是通过摄影测量方法构建的与实际地表三维模型成比例的缩小模型。在人造立体中,眼基线代替了实际的摄影基线,实际地表三维立体模型与视模型之间的比例关系实际上就是摄影基线与眼基线长度之比。一般认为是法国测量学家和摄影测量学的先驱 Fourcade(1865—1948)于 19 世纪中叶首先发现了用一对立体像对重建立体视觉,从而促进了摄影测量的诞生。

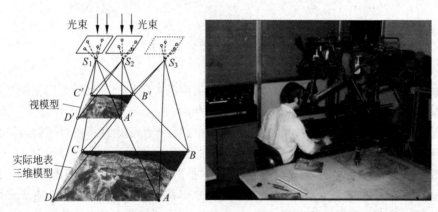

图 3.10 视模型与实际地表三维模型

2. 人造立体条件

然而,并非对同一物体拍摄的两张像片都能形成人造立体视觉,一般需要满足以下几个方面的条件。

1) 立体像对

立体像对是人造立体的一个基本条件。如同人造立体视觉实验中眼前必须要放置毛玻璃一样,左眼睛看到的景物记录在左毛玻璃上,右眼睛看到的景物记录在右毛玻璃上。同理,对于摄影像片则需要由两个相邻摄站点摄取同一景物的左右影像,即一个立体像对。第2章规定,传统航摄立体像对要求航向重叠度最小在 60% 以上,旁向重叠度在 30% 以上。数码摄影机要求重叠度更高,一般航向重叠度在 80% 左右,旁向重叠度在 60% 左右。

2) 分像条件

分像条件是指一只眼睛只能观察立体像对中的一张像片,即双眼观察像对时,必须保持两眼分别只能对一张像片进行观测。一般情况,左眼睛看左像片而右眼睛看右像片。图 3.7(a)中的两个立体模型就需要利用分像条件观察,左、右眼睛分开看同一个地物(有点像斗鸡眼似的),才能在人眼中获得人造立体模型。需要说明的是,这种裸眼看立体的本领是需要长时间训练的。当然,图3.7(b)所示的立体电影可以借助红绿立体眼镜来实现分像条件。

3)眼基线条件

两眼各自观察同一景物时,左右同名像点的连线应与眼基线近似平行。反之,如果两者角度相差太大,一般即便是两眼分别观察左、右像片,也还是得不到人造视觉模型,即人眼看不到立体。也就是说在立体观察中,同名像点的连线要近似平行于眼基线,这个要求非常关键。

4)交会角

两张像片之间的距离应与双眼的交会角相适应。放置左、右影像时,两者的距离要适当,如果距离太远,人眼交会不出立体视觉,比如图3.7(b)中的红绿立体模型(请带上红绿眼镜(镜片左红右绿),红色的影像表示左像片,绿色的影像表示右像片)。如果红、绿影像之间水平距离差异太大,即使佩戴红绿立体眼镜也是看不出立体的。

5)比例尺或空间分辨率

在一个立体像对中,左、右影像的比例尺或空间分辨率一定要尽量相同,其差别要小于15%。如果左、右像片比例尺差异太大,由于影像表达的空间尺度的不同(不同的空间尺度反映了不同的地表信息),就会造成地面点所对应的左、右同名像点寻找存在问题,从而降低了立体观测能力。

在以上5个建立人造立体的基本条件中,哪个条件实现起来最为困难呢?

立体像对和比例尺条件均由摄影决定,只要严格按照第2章学过的航空摄影条件来拍摄一般都能满足条件。眼基线和交会角条件是人眼观察中生理方面的要求,可由左、右像片放置合适位置来达到要求。若左、右影像上下错开太大则形成不了人造立体;如果立体像对左、右方向距离太远而不满足交会条件,也在人眼中形成不了立体视觉。

显然在人造立体视觉中,第二个分像条件是最困难的。观察时要强迫两只眼睛只能分别观察一张像片才能得到立体,比如有相当部分的观察者用裸眼看不出图3.7(a)所示的两张立体模型。因为分像条件与人们日常观察自然景物时双眼交会的本领习惯是背离的,同时人造立体观察的是左、右像片,凝视条件要求不变而交会时要求随模型点的远近而不同,这同样也破坏了人眼观察景物时的调焦与交会相统一的凝视本能习惯。因此,直接裸眼观察得到人造立体视觉的本领需要长时间训练过程。为了便于观察,人们常采用某种措施来帮助完成人造立体应具备的条件从而改善视觉能力,比如立体眼镜等。

3.1.3 立体观察

在人造立体视觉条件中,分像条件要求一只眼睛只能观察一张像片,两只眼睛同时分开各看左、右像片,与人们习以为常的凝视交会观察法相反。因此立体观察是最困难的,通常需要一个专业训练的过程。

1. 立体效应

在满足人造立体条件下,两张像片放置不同位置,将产生三种不同的立体效应:正立体效应、反立体效应和零立体效应。

1)正立体效应

按照航向的顺序对摄影像片进行编号。当左眼睛观察第一张像片(或左像片),右眼睛观察第二张像片(或右像片)时,地形起伏的地面景物在人眼中产生了交会角差异,形成了生理视差因而得到了与实际景物相似的人造立体效果,称其为正立体效应。这是由于人眼观察像片得到的生理视差与人眼看实物的生理视差符号相同。在视模型中,人们看到地面景物的远近或高低起伏与实际地面景物远近或高低起伏相同,从而实现了地物的三维重建。

2) 反立体效应

如果在立体观测时,左眼睛观察右像片而右眼睛观察左像片,由于人眼观察像片的生理视差改变了符号,使观察到地物的三维场景远近恰好与实物相反,这种立体效应称为反立体效应。或者在组成正立体效应后,将左右像片各旋转180°,如图3.11(b)中所示。此时观察左、右像片,由于人眼中产生的生理视差符号相反,同样地得到了一个反立体效应。请大家带上红绿眼镜观察图3.11(c)的立体模型,当镜片左绿右红时观察立体,得到正立体效应;如果将眼镜反过来戴,即镜片左红右绿时观察立体则得到反立体效应。在立体量测中,通常用正、反两种立体效应交替进行立体观察,可以检查和提高立体量测精度。

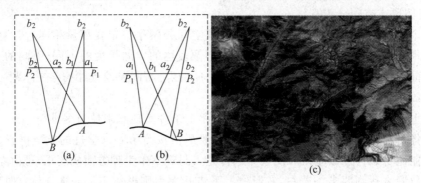

图 3.11　反立体效应(有彩图)

3) 零立体效应

将正立体情况下的两张像片在各自的平面内,按同一方向旋转90°,使像片的纵横坐标互换方向。像片上原来的纵坐标 y 轴转到与基线平行,此时生理视差变为像片的 y 方向的视差,因而失去了立体感觉而成为一个平面图像,这种立体效应称为零立体效应。生理视差是左右视差较,纵方向的视差为上下视差。由于人眼观测左右视差较的精度高于上下视差,所以在量测上下视差时,为了提高量测精度可采用零立体效应进行 y 方向的坐标量测。

2. 立体观察

为了获得人造立体效果,通常借助立体镜或其他工具来帮助人眼顺利地达到分像条件,使两眼分别只观察一张像片。观察立体像对时,一种是直接观察两张像片构成立体视觉,是借用立体镜来达到分像。另一种是通过光学投影方法,将两张像片的投影影像重叠在一起,此时需通过其他的措施使两眼分别只能看到重叠影像。为了加以区别,称后一种为叠影式立体观察。下面分别介绍这两种立体观察的方式。

1) 立体镜观察法

立体镜的主要作用是保证一只眼睛只能清晰地察看一张影像,克服了裸眼观察立体时强制调焦与交会所引起的人眼疲劳,所以得到了广泛应用。立体镜分为两种:桥式立体镜和反光立体镜。

桥式立体镜(图3.12(a))是在一个桥架上安装一对低倍率的简单透镜,其间距约为人眼的眼基线距离,高度等于透镜焦距。观察时,像片对放在透镜的焦面上,这时像片上的物点光线通过透镜后为一组平行光,使观察者感到物体在较远的距离,从而达到人眼的调焦与交会本能基本统一。

由于航摄像片像幅较大,为便于航摄像片对的立体观察,设计了一种反光立体镜(图 3.12(b))。这种立体镜在左、右光路中各加入一对反光镜起扩大眼基线间距的作用,便于放置较大像幅的航摄像片。看到的立体模型与实物没有差异,地面的起伏变高了,不过这种变形有利于高程的量测,不会影响量测结果。图 3.12(c)提供了一个立体像对,大家可以用立体镜观察立体(也可以直接裸眼利用分像条件观察立体)。

(a)　　　　　　　　　　(b)　　　　　　　　　　(c)

图 3.12　立体镜及立体像对(有彩图)

(a) 桥式立体镜;(b) 反光立体镜;(c) 立体像对

2) 重叠影式观察法

当一个立体像对的两张像片在恢复了摄影时刻相对位置关系后,用灯光照射到像片上,其光线通过像片投影至承影面上,两张像片的重叠影像相互重叠。那么,如何满足一只眼睛只看到一张像片的投影影像来观察立体影像呢? 常用互补色法、光闸法、偏振光法以及液晶闪闭法强制进行"分像"。其中前 3 种方法广泛用于模拟的立体测图仪器中,而液晶闪闭法广泛用于数字摄影测量系统中。

(1) 互补色法

光谱中两种色光混合在一起成为白色光,这两种色光称为互补色光。常用的互补色是品红色与蓝绿色(习惯简称为红色与绿色)。如果将左影像赋予绿色,右影像赋予红色,观察者戴上镜片为左绿右红的眼镜进行观察,由于红色镜片只透过红色光而绿色被吸收,所以通过红色镜片只能看到右边的红色影像,看不到左边的绿色影像。同理,绿色镜片只能透过绿色光,也只能看到左边的绿色影像。从而利用红绿立体眼镜达到一只眼睛只能看到一张影像的"分像"目的。请大家带上红绿眼镜对图 3.11 右边的红绿立体图进行观察。

(2) 光闸法

光闸法立体观察是通过在投影的光线中安装光闸实现的。两个光闸交替打开,即当一个打开另一个则关闭。人眼观察时,要戴上与投影器中光闸同步的光闸眼镜,这样人眼就只能一只眼睛看到一张影像。由于影像在人眼中的构像能保持 0.15s 的视觉暂留,这样光闸启闭的频率只要每秒大于 10 次,人眼中的景物就会连续从而构成人造立体视觉。

(3) 偏振光法

偏振光法是指在两张影像的投影光路中放置两个偏振平面相互垂直的偏振器,从而达到"分像"观察立体的效果。偏振光可用于彩色影像的立体观察,获得彩色的立体模型。人们在电影院看过的 3D 立体电影,所佩戴的一般就是偏振光立体眼镜。

（4）液晶闪闭法

液晶闪闭法立体眼镜主要用于数字摄影测量系统，由液晶立体眼镜和红外发生器组成（图 3.13）。使用时，红外发生器的一端与通用的图形显示卡相连，图像显示软件按照一定的频率交替地显示左右图像，红外发生器则同步地发射红外线，控制液晶立体眼镜的左右镜片交替地闪闭，从而达到左右眼睛各看一张像片的目的。需要注意的是，立体测图时不要遮挡红外发射器，一定要保证红外发射器与眼镜的通信畅通。

图 3.13　液晶闪闭法立体镜

3.2　立体像对空间前方交会

如果已知单张像片的内、外方位元素，利用共线方程就可以确定像点、地面点和投影中心之间的关系，如图 3.14 所示。那么是不是就意味着，只要量测出某一像点坐标就可获得该像点所对应地面点的坐标呢？很显然答案是否定的。

3.1 节已经分别从人眼立体视觉与解数学方程两个方面分析了根本原因。在一个立体像对中，若左右两张像片的方位元素均已知，如果量测出 1 对同名像点坐标，就可以列出 4 个方程，从而解求出地面点三维坐标。

然而，如何根据像点坐标解求地面点坐标呢？这就是通常所说的立体像对的前方交会要解决的问题。所谓的立体像对前方交会，是指由立体像对中两张像片的

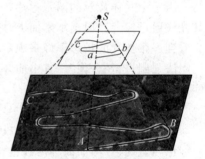

图 3.14　单张影像中心投影规律（有彩图）

内、外方位元素和像点坐标来确定相应地面点在物方空间坐标系中坐标的方法。单像空间后方交会是一种从地面到空中的解算过程，而立体像对前方交会则是一种从空中像片到地面点坐标的解算过程。立体像对前方交会方法分为两种。

1. 点投影系数法

在一个立体像对中共有多少个方位元素？一个立体像对中的左、右像片的内方位元素都相同，因此共有 3 个内方位元素；对于外方位元素，左右像片各有 6 个，因此共 15 个方位元素。当已知左、右像片的 15 个方位元素的情况下，在摄影瞬间左、右影像在空间的位置和姿态也就恢复了，左、右同名像点 a_1 和 a_2 所对应的地面 A 点坐标也就唯一确定了。具体如何解算呢？

如图 3.15 所示，首先连接左右摄影中心 S_1 和 S_2 得到摄影基线 B。摄影基线在物方

坐标系下的 3 个分量,分别记作 B_X、B_Y、B_Z。摄影基线将两张影像的投影中心联系起来了。所以,摄影基线 3 个分量进一步写为

$$\begin{cases} B_X = X_{S2} - X_{S1} \\ B_Y = Y_{S2} - Y_{S1} \\ B_Z = Z_{S2} - Z_{S1} \end{cases} \tag{3-2-1}$$

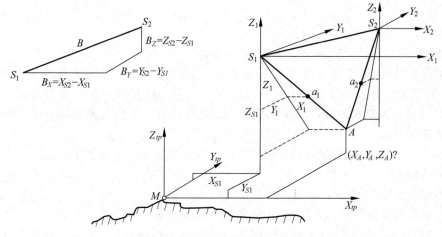

图 3.15 立体像对的前方交会

一个立体像对中的左、右影像都符合共线条件原理。因此,由地面点 A 发出的两条同名光线都符合共线条件,在左像片上满足:

$$\frac{S_1 A}{S_1 a_1} = \frac{X_A - X_{S1}}{X_1} = \frac{Y_A - Y_{S1}}{Y_1} = \frac{Z_A - Z_{S1}}{Z_1} = N_1 \tag{3-2-2}$$

在右像片上同样得到类似公式:

$$\frac{S_2 A}{S_2 a_2} = \frac{X_A - X_{S2}}{X_2} = \frac{Y_A - Y_{S2}}{Y_2} = \frac{Z_A - Z_{S2}}{Z_2} = N_2 \tag{3-2-3}$$

其中,N_1、N_2 都称为点投影系数,N_1 为左点投影系数,N_2 是右点投影系数。从而得到左、右像片像点的像空间辅助坐标与投影中心和对应地面点物方坐标的关系式。另外,由于左、右同名像点对应的地面点坐标相同,因此,地面点坐标的三个分量可以写为

$$\begin{cases} X_A = X_{S1} + N_1 X_1 = X_{S2} + N_2 X_2 \\ Y_A = Y_{S1} + N_1 Y_1 = Y_{S2} + N_2 Y_2 \\ Z_A = Z_{S1} + N_1 Z_1 = Z_{S2} + N_2 Z_2 \end{cases} \tag{3-2-4}$$

即地面点坐标分量 X_A,就等于左像片的投影中心 S_1 的 X 坐标分量与左像点像空间辅助坐标的 X 分量与左投影系数乘积的和,即 $X_{S1} + N_1 X_1$,也等于右像片的投影中心 S_2 的 x 坐标分量,与右像点像空间辅助坐标的 x 分量与右投影系数乘积之和,即 $X_{S2} + N_2 X_2$。同样地,地面点 Y 与 Z 的坐标分量都符合这样的规律。

再结合摄影基线坐标分量的关系式(3-2-1),将其与式(3-2-4)联立后可以得到

$$\begin{cases} B_X = X_{S2} - X_{S1} = N_1 X_1 - N_2 X_2 \\ B_Y = Y_{S2} - Y_{S1} = N_1 Y_1 - N_2 Y_2 \\ B_Z = Z_{S2} - Z_{S1} = N_1 Z_1 - N_2 Z_2 \end{cases} \tag{3-2-5}$$

将式(3-2-5)中的第一式和第三式联立,得到计算左右投影系数的关系式为

$$N_1 = \frac{B_X Z_2 - B_Z X_2}{X_1 Z_2 - X_2 Z_1}, \quad N_2 = \frac{B_X Z_1 - B_Z X_1}{X_1 Z_2 - X_2 Z_1} \tag{3-2-6}$$

式中,3 个摄影基线分量、左右像片像点的像空间辅助坐标都是已知的。然后将计算得到的 N_1、N_2 值再回代至式(3-2-4),从而计算出地面点坐标(X_A, Y_A, Z_A),即

$$\begin{cases} X_A = X_{S1} + N_1 X_1 = X_{S2} + N_2 X_2 \\ Y_A = \frac{1}{2}\left[(Y_{S1} + N_1 Y_1) + (Y_{S2} + N_2 Y_2)\right] \\ Z_A = Z_{S1} + N_1 Z_1 = Z_{S2} + N_2 Z_2 \end{cases} \tag{3-2-7}$$

需要提醒的是,地面点 X 和 Z 坐标分量代入式(3-2-4)中两个等式右侧的公式均可以计算,但是 Y 坐标分量必须是对应两个式子的平均值。这是因为在计算点投影系数 N_1、N_2 时,Y 分量的关系式并没有参加计算,因此,地面点坐标 Y 分量值的计算需要将左右像片计算的值做平均。

下面,对用点投影系数法解算立体像对的前方交会方法及步骤进行小结:

(1) 已知值是 15 个方位元素:x_0、y_0、f、X_{S1}、Y_{S1}、Z_{S1}、φ_1、ω_1、κ_1、X_{S2}、Y_{S2}、Z_{S2}、φ_2、ω_2、κ_2;

(2) 观测值是左、右像点坐标:(x_1, y_1),(x_2, y_2);

(3) 摄影基线分量 B_X、B_Y、B_Z 由像片外方位线元素计算得到;

(4) 左、右像点的像空间辅助坐标(X_1, Y_1, Z_1),(X_2, Y_2, Z_2)均由像片外方位角元素计算得到;

(5) 左、右像点的点投影系数 N_1、N_2 计算;

(6) 计算得到地面点坐标(X_A, Y_A, Z_A)。

如果是理想像对,摄影基线 Y 和 Z 分量均为零。摄影基线由 B_X 来表示,其值为左右两张像片投影中心 x 坐标分量之差,即式(3-2-8)。同时在理想像对中,左、右两张像片都是水平的,像点的像空间坐标与像空间辅助坐标重合,旋转矩阵 $\boldsymbol{R}$ 都为单位阵,计算公式为式(3-2-9)。

$$\begin{cases} B_X = X_{S2} - X_{S1} = B \\ B_Y = Y_{S2} - Y_{S1} = 0 \\ B_Z = Z_{S2} - Z_{S1} = 0 \end{cases} \tag{3-2-8}$$

$$\begin{bmatrix} X_1 \\ Y_1 \\ Z_1 \end{bmatrix} = \begin{bmatrix} x_1 \\ y_1 \\ -f \end{bmatrix}, \quad \begin{bmatrix} X_2 \\ Y_2 \\ Z_2 \end{bmatrix} = \begin{bmatrix} x_2 \\ y_2 \\ -f \end{bmatrix} \tag{3-2-9}$$

因此,地面点三维坐标计算公式可以进一步简化为式(3-2-10)。一般来说,每个地物的点投影系数不同,即便是同名点,其左、右像片点投影系数也不相同。但对于理想像对这种苛刻的摄影条件,N_1 和 N_2 是相同的,且为一定值 B/p,其中,p 是像点的左右视差。显然,对于理想像对的前方交会,地面点坐标计算公式将极大地简化。

$$\begin{cases} X_A = X_{S1} + \frac{B}{p} x_1 = X_{S1} + B + \frac{B}{p} x_2 \\ Y_A = Y_{S1} + \frac{B}{p} y_1 = Y_{S1} + \frac{B}{p} y_2 \\ Z_A = Z_{S1} - \frac{B}{p} f = Z_{S2} - \frac{B}{p} f \end{cases} \tag{3-2-10}$$

点投影系数推导过程比较简单,然而在以上公式推导过程中,人们已经感觉到一些问题。总之,点投影系数法主要存在以下两个方面的问题。

(1) 计算过程中,假定所有内、外方位元素精确已知。但实际上方位元素一般都存在误差,所以误差会累积到地面点三维坐标,从而降低其计算精度。

(2) 在解求点投影系数时,只用了两个公式进行计算,没有用到多余观测,从测量平差的角度讲,这种处理方法对地物精确量测来说也是不合适的。

因此还需要寻求另外一种更加严密的求解方法,直接利用共线方程来计算地面点坐标。

2. 共线方程严密解法

共线方程决定了摄影中心点、像点和对应地面点之间的严格几何关系。由共线方程式(2-5-5)可以分别获得左像片与右像片上,同名像点与地面点之间的数学关系式。由于在方位元素已知情况下,共线方程中像点坐标与地面点坐标是线性关系,如式(3-2-11)所示。

$$
\begin{cases}
(x-x_0)[a_3(X_A-X_S)+b_3(Y_A-Y_S)+c_3(Z_A-Z_S)] \\
=-f[a_1(X_A-X_S)+b_1(Y_A-Y_S)+c_1(Z_A-Z_S)] \\
(y-y_0)[a_3(X_A-X_S)+b_3(Y_A-Y_S)+c_3(Z_A-Z_S)] \\
=-f[a_2(X_A-X_S)+b_2(Y_A-Y_S)+c_2(Z_A-Z_S)]
\end{cases}
\tag{3-2-11}
$$

因此,严密解计算公式较为简单,无需线性化,无需求偏导数,也无需迭代求解,只需化简成关于未知数的多项式通式(3-2-12)即可。

$$
\begin{aligned}
l_1 X + l_2 Y + l_3 Z - l_x = 0 \\
l_4 X + l_5 Y + l_6 Z - l_y = 0
\end{aligned}
\tag{3-2-12}
$$

其中:

$$l_1 = fa_1 + (x-x_0)a_3, \quad l_2 = fb_1 + (x-x_0)b_3, \quad l_3 = fc_1 + (x-x_0)c_3$$

$$l_4 = fa_2 + (y-y_0)a_3, \quad l_5 = fb_2 + (y-y_0)b_3, \quad l_6 = fc_2 + (y-y_0)c_3$$

$$l_x = fa_1 X_S + fb_1 Y_S + fc_1 Z_S + (x-x_0)a_3 X_S + (x-x_0)b_3 Y_S + (x-x_0)c_3 Z_S$$

$$l_y = fa_2 X_S + fb_2 Y_S + fc_2 Z_S + (y-y_0)a_3 X_S + (y-y_0)b_3 Y_S + (y-y_0)c_3 Z_S$$

$l_1 \sim l_y$ 为多项式的 8 个系数,可直接根据左、右像片及像点已知条件计算出来,然后代入方程式(3-2-12),就可以获得关于地面点三维坐标的 2 个关系式。根据左、右影像上的一对同名像点可列出 4 个上述的线性方程式,而未知数个数为 3,故可以用最小二乘法求解。

若 n 幅影像中含有同一个地物点,那么可共列 $2n$ 个线性方程式,同样地利用最小二乘解求出 3 个未知数 (X, Y, Z)。而且,同名点像片数目越多,多余观测数目越多,则地面点 3 个坐标分量计算更为精确。这是一种严格的且不受影像数目约束的空间前方交会法,由于是解线性方程组,故也不需要未知点坐标的初值,这也是张祖勋院士提出的多基线摄影测量的理论基础。

多基线摄影测量是指以多张像片组成的多条基线代替了人眼双目的单基线的传统摄影测量原理,将空间一个点由两条光线交会变化为空间一个点由多条光线交会,从而极大地提高了目标地物交会精度,可以实现对普通单反数码相机获得的影像的三维重建。

总之,在以上两种立体像对前方交会方法中,已知值、观测值和未知数都相同,只是计算原理不同,点投影系数法用的是共线条件,而严密解法则利用的是共线方程。

3.3 立体像对相对定向

3.3.1 解析法相对定向原理

一般情况下,在摄影测量中利用单幅影像是不能确定物体的空间位置的,只能确定物点所在的空间方向。因此,立体像对是摄影测量三维建模的基本单元。

1. 立体像对中的重要点、线、面

首先,认识一下立体像对中的重要点、线、面。如图 3.16 所示,从同一地面点发出的两条光线称为同名光线;同名光线过 S_1 和 S_2 分别在左、右像片上的构像称为同名像点,简称同名点;相邻两摄站点的连线称为摄影基线;摄影基线与地面点组成的平面称为核面;过像主点的核面称为主核面。显然,一个立体像对中,一般包含两个主核面。核面与左、右像片面的交线称为同名核线。

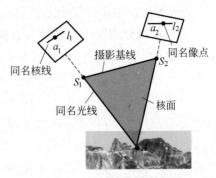

图 3.16 立体像对的重要点线面

其中,核面和核线是摄影测量中的基本概念,是 20 世纪 70 年代初由摄影测量学者 Helava 等提出的,但它们在传统的摄影测量中几乎没有得到实际的应用。在数字摄影测量发展中,由于摄影测量自动化系统的需要,核线才慢慢受到广泛的重视和应用。

核线有个重要特点就是,同名像点必在同名核线上。因此,核线不仅可以将二维影像匹配化简成一维匹配问题,而且还被广泛地用于影像匹配系统中,尤其是在多像影像匹配。特别是在近景摄影测量中,还可以直接利用核线几何限制条件确定同名点。核线影像是数字影像立体观测的基础,能够解决摄影测量的第二个关键问题,即快速寻找同名点。

2. 解析法相对定向

立体像对的相对定向就是要恢复摄影时,相邻两影像摄影光束的相互关系,从而使同名光线对对相交,如图 3.17 所示。

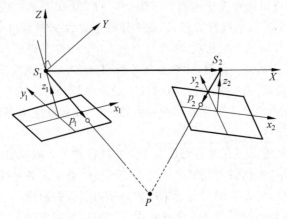

图 3.17 立体像对相对定向

完成相对定向的方法有两种：一种是单独像对相对定向，它采用两幅影像的角元素运动实现相对定向，其定向元素为$(\varphi_1,\kappa_1,\varphi_2,\omega_2,\kappa_2)$；另一种是连续像对相对定向，它以左影像为基准，采用右影像的直线运动和角运动实现相对定向，其定向元素为$(B_Y,B_Z,\varphi_2,\omega_2,\kappa_2)$。不管是哪种相对定向方法，都有 5 个相对定向元素。在多个连续模型的处理中，一般采用连续法相对定向。

由前面的学习可知，如果已知一个立体像对的 12 个外方位元素，就可以恢复摄影时刻相邻两影像摄影光束的相互关系，同样可以实现同名光线的对对相交。那为什么还要进行立体像对的相对定向呢？

其主要的原因在于，像片的外方位元素一般是很难直接精确获取的。利用单像空间后方交会法，解求一张像片的外方位元素最少需要 3 个以上的地面控制点。一个测区几百张像片，如果完全利用单像空间后方交会法解算像片外方位元素，就需要大量的地面控制点成果，这显然是不现实的。因此，需要采用相对定向的方法，实现同名光线对对相交，获得地表三维模型，从而极大地减少对地面控制点的依赖。

3. 共面方程

在单张像片上，像点、地面点和投影中心符合共线条件方程。那么，在立体像对中是不是也会存在什么特殊的几何关系呢？在立体像对中，不仅每张像片满足共线方程，同时左、右像片还符合共面条件方程。

图 3.18 所示是一个完成相对定向后的立体模型的示意图。m_1、m_2 表示模型点 M 在左右两幅影像上的构像。S_1m_1、S_2m_2 表示一对同名光线，它们与摄影基线 S_1S_2 共面，即为核面，这个核面可以用 3 个矢量的混合积表示：

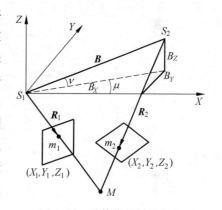

图 3.18　立体像对相对定向

$$\overrightarrow{S_1S_2}\cdot(\overrightarrow{S_1m_1}\times\overrightarrow{S_2m_2})=0 \qquad (3\text{-}3\text{-}1)$$

将混合积用相应的坐标形式表示时，即为一个三阶行列式等于零的式子(3-3-2)：

$$\begin{vmatrix} B_X & B_Y & B_Z \\ X_1 & Y_1 & Z_1 \\ X_2 & Y_2 & Z_2 \end{vmatrix}=0 \qquad (3\text{-}3\text{-}2)$$

其中表示矢量

$$\begin{bmatrix} X_1 \\ Y_1 \\ Z_1 \end{bmatrix}=R_{左}\begin{bmatrix} x_1 \\ y_1 \\ -f \end{bmatrix},\quad \begin{bmatrix} X_2 \\ Y_2 \\ Z_2 \end{bmatrix}=R_{右}\begin{bmatrix} x_2 \\ y_2 \\ -f \end{bmatrix}$$

这便是立体像对相对定向的理论基础——共面条件方程式。其中，第一行为摄影基线的 3 个坐标分量，第二、第三行分别为像点在左、右像片的像空间辅助坐标，均可由像点坐标和外方位元素的角元素解求出来。

3.3.2 连续像对相对定向

立体像对的相对定向就是要恢复摄影时,两相邻影像的相互位置关系,从而使同名光线对对相交,得到地表三维模型。根据上节所学知识,先思考以下两个问题:①为什么要进行相对定向,或者相对定向有什么好处? ②两种立体像对相对定向有什么不同?

先回答第一个问题。不难发现,立体像对的相对定向全程没有地面控制点的参与,但利用共面方程仍然能够得到地表三维模型,实现同名光线对对相交,这是其优势所在。

第二个问题是关于两种相对定向方法的比较。根据相对定向元素的不同,将相对定向分为单独像对相对定向法和连续像对相对定向法。两者的差异体现在两个方面。一是坐标系定义不同(图 3.19):单独像对相对定向选用摄影基线为空间辅助坐标系的 X 轴,其正方向与航线方向一致;连续像对的相对定向则以第一张像片的像空间坐标系,作为整个模型的空间辅助坐标系。二是定向元素不同:单独像对相对定向的定向元素是左、右像片的5 个角元素;连续像对相对定向的定向元素是摄影基线在 Y 和 Z 方向上的两个分量,以及右像片的 3 个角元素。两种相对定向原理是相同的,相对定向元素个数也都是 5 个,但当像片数目较多时经常采用连续像对相对定向。因此,我们重点学习连续像对相对定向。

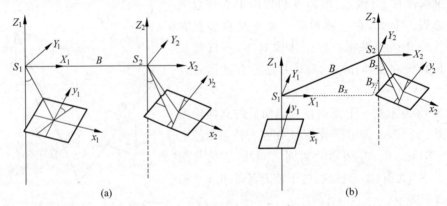

图 3.19 两种相对定向方法坐标系
(a) 单独像对相对定向;(b) 连续像对相对定向

1. 连续法相对定向原理

连续像对相对定向,以左影像为基准,采用右影像的直线运动和角运动实现相对定向,通常假定左影像是水平的或其方位元素是已知的,这里我们假定左像片是水平的。因此,共面条件中的第二行 X_1、Y_1、Z_1 是已知的,旋转矩阵是单位阵,实质就是像点空间坐标 x、y、$-f$。

假定摄影基线 B 在像空间辅助坐标系的投影线与 B_X 分量的夹角为 μ,与摄影基线的夹角为 ν(图 3.18)。由于传统摄影测量要求航空摄影为竖直摄影,因此摄影基线的两个分量 B_Y 和 B_Z 是小值,满足关系式 $B_Y \approx B_X \cdot \mu$ 和 $B_Z = B_X \cdot \nu$。此时,连续像对的相对定向元素转换为右影像的 3 个角元素 $(\varphi, \omega, \kappa)$ 以及与基线分量有关的两个角元素 (μ, ν)。因此,共面条件可以改写成:

$$F = B_X \begin{vmatrix} 1 & \mu & \nu \\ X_1 & Y_1 & Z_1 \\ X_2 & Y_2 & Z_2 \end{vmatrix} = 0 \tag{3-3-3}$$

其中

$$\begin{bmatrix} X_1 \\ Y_1 \\ Z_1 \end{bmatrix} = \begin{bmatrix} x_1 \\ y_1 \\ -f \end{bmatrix}, \quad \begin{bmatrix} X_2 \\ Y_2 \\ Z_2 \end{bmatrix} = R_{\text{右}} \begin{bmatrix} x_2 \\ y_2 \\ -f \end{bmatrix}$$

在共面方程式(3-3-3)中,已知值与未知数之间是一个非线性函数,因此可按照泰勒公式展开的办法,将共面方程展开至一次项得到公式(3-3-4):

$$F = F^0 + \frac{\partial F}{\partial \varphi}\Delta\varphi + \frac{\partial F}{\partial \omega}\Delta\omega + \frac{\partial F}{\partial \kappa}\Delta\kappa + \frac{\partial F}{\partial \mu}\Delta\mu + \frac{\partial F}{\partial \nu}\Delta\nu = 0 \qquad (3\text{-}3\text{-}4)$$

式中:常数项 F^0 是用相对定向元素的近似值或初值求得的 F 值;$\Delta\varphi$、$\Delta\omega$、$\Delta\kappa$、$\Delta\mu$、$\Delta\nu$ 为相对定向元素待定参数的改正数,是方程中要求解的未知数。因此,对共面方程求解就转换为解求公式(3-3-4)中的偏导数。F 对 μ、ν 的偏导数计算较为简单,如式(3-3-5)和式(3-3-6)所示。

$$\frac{\partial F}{\partial \mu} = B_X \begin{vmatrix} 0 & 1 & 0 \\ X_1 & Y_1 & Z_1 \\ X_2 & Y_2 & Z_2 \end{vmatrix} = -B_X \begin{vmatrix} X_1 & Z_1 \\ X_2 & Z_2 \end{vmatrix} = B_X(X_2 Z_1 - X_1 Z_2) \qquad (3\text{-}3\text{-}5)$$

$$\frac{\partial F}{\partial \nu} = B_X(X_1 Y_2 - X_2 Y_1) \qquad (3\text{-}3\text{-}6)$$

F 对 φ、ω、κ 求偏导数实质是行列式第三行 X_2、Y_2、Z_2 对 3 个角度的偏导数,其计算稍微复杂一些。但最后都可以通过已知的摄影基线和像点坐标解求出来,获得式(3-3-7)、式(3-3-8)和式(3-3-9)。

$$\frac{\partial \begin{bmatrix} X_2 \\ Y_2 \\ Z_2 \end{bmatrix}}{\partial \varphi} = \frac{\partial \boldsymbol{R}_\varphi}{\partial \varphi} \boldsymbol{R}_\varphi^{-1} \boldsymbol{R} \begin{bmatrix} x_2 \\ y_2 \\ -f \end{bmatrix} = \begin{bmatrix} 0 & 0 & -1 \\ 0 & 0 & 0 \\ 1 & 0 & 0 \end{bmatrix} \begin{bmatrix} X_2 \\ Y_2 \\ Z_2 \end{bmatrix} = \begin{bmatrix} -Z_2 \\ 0 \\ X_2 \end{bmatrix} \qquad (3\text{-}3\text{-}7)$$

$$\frac{\partial \begin{bmatrix} X_2 \\ Y_2 \\ Z_2 \end{bmatrix}}{\partial \omega} = \begin{bmatrix} 0 & -\sin\varphi & 0 \\ \sin\varphi & 0 & -\cos\varphi \\ 0 & \cos\varphi & 0 \end{bmatrix} \begin{bmatrix} X_2 \\ Y_2 \\ Z_2 \end{bmatrix} \approx \begin{bmatrix} 0 \\ -Z_2 \\ Y_2 \end{bmatrix} \qquad (3\text{-}3\text{-}8)$$

$$\frac{\partial \begin{bmatrix} X_2 \\ Y_2 \\ Z_2 \end{bmatrix}}{\partial \kappa} = \begin{bmatrix} 0 & -\cos\varphi\cos\omega & -\sin\omega \\ \cos\varphi\cos\omega & 0 & \sin\varphi\cos\omega \\ \sin\omega & -\sin\varphi\cos\omega & 0 \end{bmatrix} \begin{bmatrix} X_2 \\ Y_2 \\ Z_2 \end{bmatrix} \approx \begin{bmatrix} -Y_2 \\ X_2 \\ 0 \end{bmatrix} \qquad (3\text{-}3\text{-}9)$$

需要注意,解偏导数时,由于 φ、ω、κ 为小角度值,所以对偏导数求解公式可以进一步简化,如式(3-3-10)、式(3-3-11)和式(3-3-12)。最后将计算出的 5 个偏导数代入泰勒级数展开式(3-3-4)就得到线性化的式(3-3-13)。

$$\frac{\partial F}{\partial \varphi} = \begin{vmatrix} B_X & B_Y & B_Z \\ X_1 & Y_1 & Z_1 \\ -Z_2 & 0 & X_2 \end{vmatrix} \approx B_X Y_1 X_2 \tag{3-3-10}$$

$$\frac{\partial F}{\partial \omega} = \begin{vmatrix} B_X & B_Y & B_Z \\ X_1 & Y_1 & Z_1 \\ 0 & -Z_2 & Y_2 \end{vmatrix} \approx B_X (Y_1 Y_2 + Z_1 Z_2) \tag{3-3-11}$$

$$\frac{\partial F}{\partial \kappa} = \begin{vmatrix} B_X & B_Y & B_Z \\ X_1 & Y_1 & Z_1 \\ -Y_2 & X_2 & 0 \end{vmatrix} \approx -B_X X_2 Z_1 \tag{3-3-12}$$

$$(X_2 Z_1 - X_1 Z_2) B_X \Delta\mu + (X_1 Y_2 - X_2 Y_1) B_X \Delta\nu + X_2 Y_1 B_X \Delta\varphi +$$
$$(Y_1 Y_2 + Z_1 Z_2) B_X \Delta\omega - X_2 Z_1 B_X \Delta\kappa + F_0 = 0 \tag{3-3-13}$$

然后,对等式(3-3-13)两边同时除以 $X_2 Z_1 - X_1 Z_2$,继续对线性方程进行化简:

$$B_X \Delta\mu + \frac{X_1 Y_2 - X_2 Y_1}{Z_1 X_2 - X_1 Z_2} B_X \Delta\nu + \frac{X_2 Y_1}{X_2 Z_1 - X_1 Z_2} B_X \Delta\varphi + \frac{Y_1 Y_2 + Z_1 Z_2}{X_2 Z_1 - X_1 Z_2} B_X \Delta\omega -$$
$$\frac{X_2 Z_1}{X_2 Z_1 - X_1 Z_2} B_X \Delta\kappa + \frac{F_0}{X_2 Z_1 - X_1 Z_2} = 0 \tag{3-3-14}$$

根据 3.2 节知识,摄影基线 $\boldsymbol{B}$ 的 3 个分量都可以写为左右投影中心 S_1 与 S_2 的坐标分量之差,并且立体像对中的两条同名光线,都符合共线条件,其中 N_1 和 N_2 称为左、右点投影系数,实质是将左、右像片上的同名像点 a_1 和 a_2 变换为模型中地面点 A 时的点投影系数。根据立体像对前方交会的点投影系数公式(3-2-6),就可以计算得到 N_1 和 N_2 的值。将其代入式(3-3-14)中,对每项系数进行化简,都改写成关于点投影系数的函数。

同样地,对式(3-3-14)的常数项进行化简,最终得到常数项为式(3-3-15):

$$\frac{F_0}{Z_1 X_2 - X_1 Z_2} = \frac{\begin{vmatrix} B_X & B_Y & B_Z \\ X_1 & Y_1 & Z_1 \\ X_2 & Y_2 & Z_2 \end{vmatrix}}{Z_1 X_2 - X_1 Z_2}$$

$$= \frac{\begin{vmatrix} B_X & B_Z \\ X_2 & Z_2 \end{vmatrix}}{Z_1 X_2 - X_1 Z_2} Y_1 - \frac{\begin{vmatrix} B_X & B_Z \\ X_1 & Z_1 \end{vmatrix}}{Z_1 X_2 - X_1 Z_2} Y_2 - \frac{\begin{vmatrix} X_1 & Z_1 \\ X_2 & Z_2 \end{vmatrix}}{Z_1 X_2 - X_1 Z_2} B_Y$$

$$= -N_1 Y_1 + N_2 Y_2 + B_Y = -Q \tag{3-3-15}$$

显然,这个常数项 Q 就具有了几何意义。到底 Q 具有什么样的几何意义呢? 前面大家推导过 $B_Y = Y_{S2} - Y_{S1} = N_1 Y_1 - N_2 Y_2$ 公式,因此,在如图 3.20 所示的立体像对中,Q 其实就是左、右像点在 y 方向的坐标差,式(3-3-13)进一步化简为

$$Q = B_X \Delta\mu - \frac{Y_2}{Z_2} B_X \Delta\nu - \frac{X_2 Y_2}{Z_2} N_2 \Delta\varphi - \left(Z_2 + \frac{Y_2^2}{Z_2}\right) N_2 \Delta\omega + X_2 N_2 \Delta\kappa \tag{3-3-16}$$

式(3-3-16)便是解析法连续像对相对定向的解算公式。在立体像对中每量测一对同名

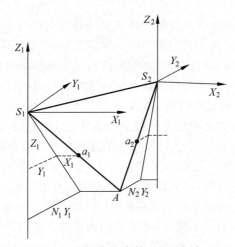

图 3.20　相对定向常数项的几何意义

像点坐标,就可以列出一个关于 Q 的方程式。这里,Q 被定义为相对定向时模型的上下视差。当一个立体像对完成相对定向时,同名光线对对相交,$Q=0$;当一个立体像对未完成相对定向,即同名光线不相交,模型存在上下视差,则 $Q \neq 0$。

理论上只要在一个立体像对上能够在适当分布的 5 个点处,同时消除这些点在模型处的上下视差,就能保证 5 对同名像点都对对相交,从而计算出相对定向的 5 个定向元素,那么,就可以认为在这个立体像对内的所有像点上下视差都被消除,从而完成了相对定向,获得相对定向立体模型。

2. 连续像对相对定向计算过程

用于相对定向的这 5 个点的空间分布位置是关键。那么,在立体像对中这 5 个点的位置如何选择呢?传统摄影测量规定,5 个相对定向点一定要在 6 个标准点位上选择。图 3.21 描述了这 6 个标准点位分布示意图,1 点和 2 点分别在左、右像片的像主点附近,3、4、5、6 点在旁向重叠部分选择,但不能距离像片边缘太近,也不能距离像主点太近。传统摄影测量对立体像对的 6 个标准点位的位置做了严格限制,具体点位规定我们将在第 4 章进行学习。

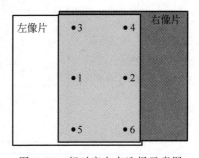

图 3.21　相对定向点选择示意图

根据连续像对相对定向公式(3-3-16),可以得到相对定向的误差方程式(3-3-17):

$$v_Q = B_X \Delta\mu - \frac{Y_2}{Z_2} B_X \Delta\nu - \frac{X_2 Y_2}{Z_2} N_2 \Delta\varphi -$$

$$\left(Z_2 + \frac{Y_2^2}{Z_2} \right) N_2 \Delta\omega + X_2 N_2 \Delta\kappa - Q \qquad (3\text{-}3\text{-}17)$$

将误差方程的通式记为 $\boldsymbol{V} = \boldsymbol{A}\boldsymbol{x} - \boldsymbol{l}$,式中,$\boldsymbol{A}$ 为误差方程的系数,$\boldsymbol{x}$ 为定向元素改正数,$\boldsymbol{l}$ 为常数项 $\boldsymbol{Q}$。

如果在立体像对上量测 5 个以上的同名点,可以按最小二乘平差法求解相对定向元素。另外,通常认为每对同名像点其量测精度都是相同的,因此权重 $\boldsymbol{P}$ 设为单位阵,从而计算出未知数的改正数为

$$\boldsymbol{x} = (\boldsymbol{A}^{\mathrm{T}}\boldsymbol{A})^{-1}(\boldsymbol{A}^{\mathrm{T}}\boldsymbol{l}) \qquad (3\text{-}3\text{-}18)$$

由于误差方程式是由共面条件方程严密式经线性化后的结果,所以相对定向元素的解求是一个逐步趋近的迭代过程。若初值与第一次改正数之和还不符合精度要求,继续第二次迭代,这时候的初值就是两者之和,直到迭代至精度达到要求为止。通常认为当所有改正数小于限值 3×10^{-5} rad 时,或者迭代次数达到一定次数后,迭代计算结束。最后,初值与改正数累积之和就是最后的未知数的值,即 $X = x^0 + \Delta x_1 + \Delta x_2 + \Delta x_3 + \cdots + \Delta x_n$。至于相对定向结果的精度评定,其方法类似于单像空间后方交会的做法,这里不再赘述。

请大家思考一个问题:在一个立体模型上的左右视差与上下视差有何不同?

左右视差是同名像点在 X 方向的坐标差,上下视差是 Y 方向的坐标差。模型上存在左右视差是正常的,可以产生立体,得到地表高程。但是,模型上如果有上下视差,那说明左右同名点匹配精度有问题了,也就是同名光线不相交,也说明立体模型还没有完成相对定向。因此,首先要对立体模型消除上下视差,才能精确测量像点坐标。

图 3.22 是连续像对相对定向的计算机程序框图,对相对定向原理尤其是编程非常有帮助,希望大家认真分析。

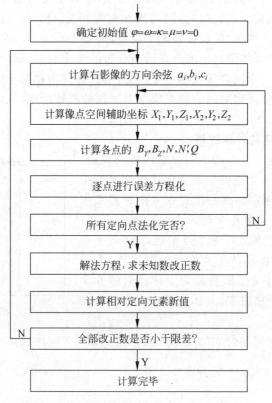

图 3.22　连续像对相对定向的计算机程序框图

下面,对连续像对相对定向步骤进行小结:

(1) 获取已知数据:包括像片的内方位元素 x_0、y_0、f,以及量测同名像点坐标 x_1、y_1、x_2、y_2。

(2) 计算摄影基线 B_X。

(3) 设定相对定向元素的初值 $\mu = \nu = \varphi = \omega = \kappa = 0$。

(4) 由相对定向元素计算同名像点的像空间辅助坐标 X_1、Y_1、Z_1、X_2、Y_2、Z_2。

（5）求偏导数，计算各定向点的点投影系数、同名点上下视差 Q。

（6）逐点计算误差方程式的系数和常数项，并按照最小二乘原理对误差方程法化，$x = (A^T A)^{-1}(A^T l)$。

（7）解法方程，求5个相对定向元素改正数 x。

（8）求相对定向元素的新值，即 $x +$ 初值。

（9）判断迭代是否收敛（限差 3×10^{-5}）。

不难发现，上述相对定向方法存在两个问题：①在相对定向求解过程中，把同名点是否对对相交，即把模型的上下视差 Q 视为观测值，而实际的初始观测值通常是像点坐标。②在上述推导中，泰勒级数仅考虑了相对定向元素的一次小项。因此，又提出了一种连续像对相对定向的严密解法。

在严密解法中，应对同名像点 x_1、y_1、x_2、y_2 的影像坐标量测值加入改正数，并且共面方程 F 对 φ、ω、κ 的偏导数选取更加严密的公式。其优点在于相对定向元素的解算公式更加严密，连续像对相对定向法用于航偏角大的长航带时，有可能使后续像对相对定向中 κ 角偏大，此时应该采用严密公式进行平差处理。计算各系数时应采用当前值，这意味着系数阵在每次迭代中将发生变化。

另外一种是单独像对相对定向。由于以摄影基线作为 x 轴，因此共面条件中摄影基线 B_y 与 B_x 分量为零，三阶行列式就变为二阶。单独像对相对定向与连续像对相对定向理论方法类似，重点在于方程系数的偏导数求解及线性方程的化简。同样地，常数项也具有一定的几何意义，即当同名点对对相交而消除上下视差时，常数项 Q 为零，从而列出相应误差方程。其解法与连续像对相对定向类似，这里不再赘述。

需要提醒的是，在现代数字摄影测量相对定向中，如图3.23所示，在立体上通过影像匹配的方法就可以获得很多的同名像点，然后利用最小二乘方法可以精确解求5个相对定向元素，获得地表三维模型。

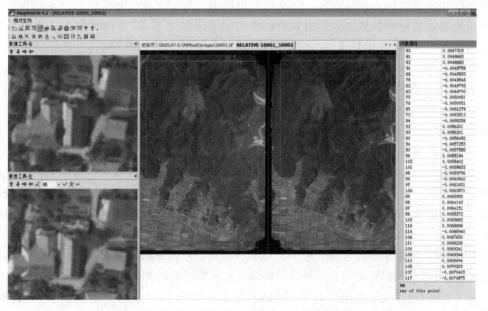

图3.23　数字摄影测量系统中的相对定向（有彩图）

3.4 立体像对绝对定向

3.4.1 单元模型绝对定向定义

1. 立体像对相对定向的优势与问题

上一节介绍了立体像对的相对定向。首先请思考以下两个问题：①立体像对相对定向有什么好处？②完成了相对定向后的模型有什么特点？

大家知道，在一个立体像中通过左、右像片的相对运动，只要对分布合理的5对以上的同名像点的上下视差进行消除，就可以计算出相对定向元素，从而完成相对定向，获得立体模型。

因此在整个航带中，如果利用连续像对相对定向方法，以第一张航摄像片为基准，完成第一张与第二张像片的相对定向；接着，第二张像片不动，以其为基准，完成第二、三张像片组成立体像对的相对定向；用同样的方法，就可以完成一条航带上所有立体像对的相对定向；最后，通过相邻模型连接后(4.2节)，将整个航带组建成一个大的立体模型。这就是相对定向的优势，在已知像片内方位元素的条件下，直接利用一条航带上各个像片之间的关系就可以得到一条航带三维模型。

那么，第二个问题，完成相对定向后的模型有什么特点呢？

以连续像对相对定向为例，相对定向所建立的三维模型是以航带中第一张像片的像空间辅助坐标系作为整个模型的基准，最后将模型坐标原点从空中摄影中心 S_1 位置，沿着主光轴滑到地面点 P。因此，相对定向模型的坐标系，其实质就是由第一张像片确定的摄测坐标系。所以，相对定向后的模型坐标系是任意的，比例尺也是任意的，在其上无法确定模型点的地面摄影测量坐标。

因此，如果要确定立体模型在实际物方坐标系中的正确位置，则需要把模型点的摄影测量坐标转化为地面摄影测量坐标。这就需要借助地面摄影测量坐标为已知的地面控制点来计算摄影测量坐标系与地面摄影测量坐标系之间的变换关系，这个过程称为立体模型的绝对定向。所以说，立体像对进行相对定向后，还需要对模型进行绝对定向，才能获得地表的实际三维模型。

2. 单元模型绝对定向原理及意义

立体模型的绝对定向也称为单元模型的绝对定向，是将相对定向后的模型转换为实际地表模型，其实质是空间坐标的相似变换，包括三维坐标轴的旋转、三维坐标原点的平移和模型比例尺的缩放(图 3.24)。

这里引入一个概念，即绝对定向元素，将其定义为描述立体像对在摄影瞬间的绝对位置和姿态的参数。通过将相对定向建立的立体模型，进行旋转、缩放和平移，使其达到绝对位置。绝对定向元素为：Φ、Ω、K、λ、X_0、Y_0、Z_0。仿照像空间坐标系与像空间辅助坐标系之间的转换，空间相似变换需确定两坐标系之间的3个角元素 Φ、Ω、K。为了使这两个系统的坐标原点和比例尺一致，变换中还应考虑3个平移量和一个比例尺的缩放。只要计算出这7个绝对定向元素，就可以将相对定向得到的模型转换为人们所需要的物方坐标系下的地表模型。

那么，如何求解呢？大家以前学过遥感影像几何校正，需要借助一定数量的地面控制点，解求影像像素坐标与对应地面点地理坐标位置的几何对应关系。立体模型绝对定向方法类

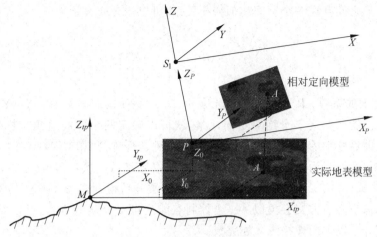

图 3.24 单元模型绝对定向

似，一方面要求地面控制点的地面摄影测量坐标是精确已知的，另一方面这些地面控制点必须要在相对定向模型中找到相应的精确位置。因此摄影测量中，将这些地面控制点命名为像控点。

需要说明的是，对于航空摄影测量，由于大地测量坐标系是左手坐标系，而摄影测量坐标系是右手坐标系，为了使这两个坐标系 X 轴之间的夹角不至于太大，往往采用一个地面摄影测量坐标系作为过渡，即先将地面控制点的大地测量坐标，变换为地面摄影测量坐标，其为右手坐标系，然后根据控制点的地面摄影测量坐标进行绝对定向，最后再将经绝对定向后的任一模型点的地面摄影测量坐标反变换为大地测量坐标。

获得了像控点成果及刺点片(如图 2.56)，接下来重要步骤就是在相对定向立体模型上进行刺点的过程，如图 3.25 所示。在立体观测条件下，将完成绝对定向所需的像控点一个一个刺在相对模型上，这是一个非常繁重的，纯粹是手工操作的工作。

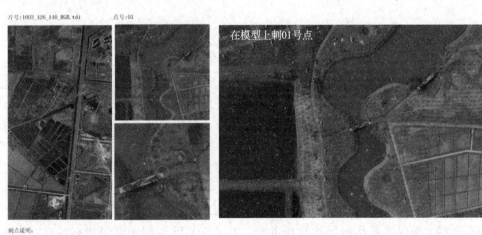

图 3.25 在立体模型上转刺像控点(有彩图)

那么，立体模型上到底需要刺多少像控点才能得到地表实际模型呢？首先，需要确定 7 个绝对定向元素才能将相对定向的立体模型纳入物方坐标系，或者地面摄影测量坐标系。假设任一模型点的摄影测量坐标为 (X_p, Y_p, Z_p)，该点的地面摄影测量坐标为 $(X_{tp}, Y_{tp},$

Z_{tp})。因此它们之间存在一个空间相似变换关系，可以用公式表示为

$$\begin{bmatrix} X_{tp} \\ Y_{tp} \\ Z_{tp} \end{bmatrix} = \lambda \boldsymbol{R} \begin{bmatrix} X_p \\ Y_p \\ Z_p \end{bmatrix} + \begin{bmatrix} X_0 \\ Y_0 \\ Z_0 \end{bmatrix} \tag{3-4-1}$$

式中，λ 为模型缩放系数；$\boldsymbol{R}$ 是由三个角元素 Φ、Ω、K 组成的旋转矩阵；X_0、Y_0、Z_0 为坐标原点的平移量。若已知这 7 个绝对定向元素，就可以确定两个空间直角坐标之间的变换。由于这种变换前后图形的几何形状相似，所以把这种变换称为"相似"变换。

很显然相似变换式为非线性的，因此需要利用泰勒级数一次项展开对式(3-4-1)进行线性化，其结果为式(3-4-2)。将总误差方程式(3-4-3)展开后得到式(3-4-4)。具体解算方法与前面学过的单像空间后方交会类似。一个控制点能列出 3 个误差方程，所以立体模型绝对定向至少需要 3 个以上的像控点才能完成。

$$F = F^0 + \frac{\partial F}{\partial \lambda} \Delta \lambda + \frac{\partial F}{\partial \Phi} \Delta \Phi + \frac{\partial F}{\partial \Omega} \Delta \Omega + \frac{\partial F}{\partial K} \Delta K + \frac{\partial F}{\partial X_0} \Delta X_0 +$$

$$\frac{\partial F}{\partial Y_0} \Delta Y_0 + \frac{\partial F}{\partial Z_0} \Delta Z_0 \tag{3-4-2}$$

$$\boldsymbol{V} = \boldsymbol{A}\boldsymbol{x} - \boldsymbol{l} \tag{3-4-3}$$

$$\begin{bmatrix} v_X \\ v_Y \\ v_Z \end{bmatrix} = A \begin{bmatrix} \Delta X_0 \\ \Delta Y_0 \\ \Delta Z_0 \\ \Delta \lambda \\ \Delta \Phi \\ \Delta \Omega \\ \Delta K \end{bmatrix} - \begin{bmatrix} l_X \\ l_Y \\ l_Z \end{bmatrix} \tag{3-4-4}$$

3.4.2　空间相似变换线性化

1. 单元模型绝对定向与七参数坐标转换

由于立体像对进行相对定向后，其模型坐标系一般是第一张像片确定的摄测坐标系，因此，立体模型坐标系是任意的，比例尺也是任意的，无法确定模型点的地面摄测坐标，无法满足一般用户的需求。因此需要利用 3 个以上的地面控制点，确定 7 个绝对定向元素 Φ、Ω、K、λ、X_0、Y_0、Z_0，通过旋转、缩放和平移，将立体模型坐标系纳入地面摄影测量坐标系，从而完成绝对定向任务。

单元模型的绝对定向也称为空间相似变换，因为模型在摄影测量坐标系和地面摄影测量坐标系之间变换保持着几何形状的相似性。大家在 GIS 课程中学过坐标转换，如 1954 北京坐标系与 1980 西安坐标系的转换。那么，GIS 中的七参数法与立体模型绝对定向公式有什么不同？

在 GIS 中，两个不同的三维空间直角坐标系之间转换时，通常使用七参数模型，在该模型中有 7 个未知参数。其含义为：3 个坐标平移量，即两个空间坐标系的坐标原点之间坐标差值；3 个坐标轴的旋转角度，通过按顺序旋转 3 个坐标轴指定角度，可以使两个空间直角

坐标系的 XYZ 轴重合在一起;尺度因子,即两个空间坐标系内的同一段直线的长度比值,实现尺度的比例转换。运用七参数进行的坐标转换称为七参数坐标转换。坐标转换时,通常至少需要 3 个公共已知点,在两个不同空间直角坐标系中的六对 XYZ 坐标值,才能推算出这 7 个未知参数。由此可见,七参数法其实就是空间坐标相似变换参数,从数学角度看,与现在学习的立体模型绝对定向元素一致。

根据控制点成果及刺点片,在立体观测条件下将像控点刺在相对定向后的立体模型上。由于一个控制点能列出 3 个误差方程,因此需要 3 个以上分布合理的像控点。

根据控制点特征不同,将地面控制点可分为 3 类:高程控制点、平面控制点及平面高程控制点(简称平高点)。平高点的条件比较苛刻,要求平面位置和高程位置都能准确定位。当测区地形特殊时,可以将平面和高程分开测量。比如有些地物平面特征不明显,但高程一致,特别适合做高程控制点,如路面、水面等;有些区域平面特明显,高程不能准确测定,如房角点等,这些地物点就可作为平面控制点。

因此,根据立体模型绝对定向误差方程,解求 7 个绝对定向元素的条件是:最少需要 2 个平高控制点和 1 个高程点。这样就可以列出 7 个方程,解求出 7 个绝对定向元素,从而完成单元模型的绝对定向。

2. 空间相似变换线性化

设 Φ、Ω、K 的近似值为零,λ 的近似值为 1,求解 F 对 7 个参数的偏导数(式(3-4-5)),并计算常数项 $F-F_0$(式(3-4-6))。

$$\begin{cases} \dfrac{\partial F}{\partial X_0} = \begin{bmatrix} 1 \\ 0 \\ 0 \end{bmatrix}, & \dfrac{\partial F}{\partial Y_0} = \begin{bmatrix} 0 \\ 1 \\ 0 \end{bmatrix}, & \dfrac{\partial F}{\partial Z_0} = \begin{bmatrix} 0 \\ 0 \\ 1 \end{bmatrix}, & \dfrac{\partial F}{\partial \lambda} = \boldsymbol{R}\begin{bmatrix} X_p \\ Y_p \\ Z_p \end{bmatrix} = \begin{bmatrix} X' \\ Y' \\ Z' \end{bmatrix}, & \dfrac{\partial F}{\partial \Phi} = \begin{bmatrix} -\lambda Z' \\ 0 \\ \lambda X' \end{bmatrix} \\[24pt] \dfrac{\partial F}{\partial \Omega} = \begin{bmatrix} -\lambda Y'\sin\Phi \\ \lambda X'\sin\Phi - \lambda Z'\cos\Phi \\ \lambda Y'\cos\Phi \end{bmatrix}, & \multicolumn{3}{l}{\dfrac{\partial F}{\partial K} = \begin{bmatrix} -\lambda Y'\cos\Phi\cos\Omega - \lambda Z'\sin\Omega \\ \lambda X'\cos\Phi\cos\Omega + \lambda Z'\sin\Phi\cos\Omega \\ \lambda X'\sin\Omega - \lambda Y'\sin\Phi\cos\Omega \end{bmatrix}} \end{cases}$$

$$(3\text{-}4\text{-}5)$$

$$\begin{cases} \boldsymbol{l} = F - F_0 \\[8pt] \begin{bmatrix} l_X \\ l_Y \\ l_Z \end{bmatrix} = \begin{bmatrix} X_{tp} \\ Y_{tp} \\ Z_{tp} \end{bmatrix} - \lambda^0 \boldsymbol{R}^0 \begin{bmatrix} X_p \\ Y_p \\ Z_p \end{bmatrix} - \begin{bmatrix} X_0^0 \\ Y_0^0 \\ Z_0^0 \end{bmatrix} \end{cases} \qquad (3\text{-}4\text{-}6)$$

在空间相似变换的 7 个待定参数都是小值的情况下,Φ、Ω、K 均用零作为近似值,代入式(3-4-4);而 λ 用 1 代入,则误差方程式可以写成这种矩阵形式(3-4-7),这便是单元模型绝对定向的误差方程式。

$$\begin{bmatrix} v_X \\ v_Y \\ v_Z \end{bmatrix} = \begin{bmatrix} 1 & 0 & 0 & X' & -Z' & 0 & -Y' \\ 0 & 1 & 0 & Y' & 0 & -Z' & X' \\ 0 & 0 & 1 & Z' & X' & Y' & 0 \end{bmatrix} \begin{bmatrix} \Delta X_0 \\ \Delta Y_0 \\ \Delta Z_0 \\ \Delta \lambda \\ \Delta \Phi \\ \Delta \Omega \\ \Delta K \end{bmatrix} - \begin{bmatrix} l_X \\ l_Y \\ l_Z \end{bmatrix} \qquad (3\text{-}4\text{-}7)$$

其中

$$\begin{bmatrix} X' \\ Y' \\ Z' \end{bmatrix} = \boldsymbol{R} \begin{bmatrix} X_p \\ Y_p \\ Z_p \end{bmatrix}$$

式中：X'、Y'、Z' 表示模型点摄影测量坐标经旋转变换后的坐标；v_X、v_Y、v_Z 表示立体模型观测值的改正数；ΔX_0、ΔY_0、ΔZ_0、$\Delta\lambda$、$\Delta\Phi$、$\Delta\Omega$、ΔK 表示 7 个待定参数近似值的改正数。

3. 坐标的重心化

坐标的重心化在测量平差中经常用到，先举个例子总结重心化坐标的好处。已知 A、B、C、D 点的坐标分别是 $(5500,3800)$，$(5400,3700)$，$(5300,3900)$，$(5200,3400)$，请计算这 4 点的重心化坐标。

为了计算各点重心化坐标，首先需要求这些点的重心坐标。重心坐标 3 个分量，就是所求点坐标分量的均值。而重心化坐标，则是每个点原始坐标分量与对应的重心坐标分量之差。经过计算，这 4 个点的重心坐标为 $(5350,3700)$，4 个点重心化坐标分别为 $(150,100)$，$(50,0)$，$(-50,200)$，$(-150,-300)$。在计算的过程中，人们能够深刻体会到重心化坐标的其中一个好处就是，各个点的相对位置没有发生变化，但每个点的坐标值简化了。如果原始地面点的坐标小数点后位数比较多的话，重心化坐标还可以减少有效位数，提高坐标计算精度。

总之，坐标的重心化是区域网平差中经常采用的一种数据处理方法，其目的有两个：一是通过重心化以后可以减少模型点坐标在计算过程中的有效位数，提高计算的精度；二是采用了重心化坐标以后，可使法方程式的系数简化，个别项的数值变成零，部分未知数可以分开求解，从而提高了计算速度。坐标重心化的第二个好处，大家可以从下面绝对定向的解算过程中体会到。

3.4.3 绝对定向解算

1. 绝对定向元素解算

立体模型的绝对定向，是指利用 3 个以上的地面控制点，将相对定向后的立体模型纳入绝对的地面摄影测量坐标系中。所采用的方法是三维空间相似变换，将相对定向后的单元模型进行旋转、缩放和平移，其关键是求解 7 个绝对定向元素 Φ、Ω、K、λ、X_0、Y_0、Z_0。

在立体模型绝对定向元素解算过程中，重心化坐标由于能够一方面减少模型坐标有效位数，同时能够简化法方程系数，因此成为单元模型绝对定向解算的关键步骤。由于在单元模型绝对定向中，每个像控点涉及两套坐标，因此需要按照式(3-4-8)，首先分别计算模型摄影测量坐标和地面摄影测量坐标的重心坐标。

$$\begin{cases} X_{pg} = \dfrac{\sum\limits_{i=1}^{n} X_{p_i}}{n}, \quad Y_{pg} = \dfrac{\sum\limits_{i=1}^{n} Y_{p_i}}{n}, \quad Z_{pg} = \dfrac{\sum\limits_{i=1}^{n} Z_{p_i}}{n} \\[4mm] X_{tpg} = \dfrac{\sum\limits_{i=1}^{n} X_{tp_i}}{n}, \quad Y_{tpg} = \dfrac{\sum\limits_{i=1}^{n} Y_{tp_i}}{n}, \quad Z_{tpg} = \dfrac{\sum\limits_{i=1}^{n} Z_{tp_i}}{n} \end{cases} \tag{3-4-8}$$

式中：X_{pg}、Y_{pg}、Z_{pg} 为模型的摄影测量坐标系重心坐标；X_{tpg}、Y_{tpg}、Z_{tpg} 为地面摄影测量坐标系重心坐标；n 为参与计算重心坐标的控制点点数。

同时，必须注意两套坐标系中采用的点数要相等，点名称要一致。在满足这两个条件的情况下，允许计算平面坐标的点数与高程坐标的点数不相等。然后，根据 2 套坐标系的重心坐标，利用式（3-4-9）分别计算各控制点重心化的摄影测量坐标和地面摄影测量坐标。

$$
\begin{cases}
\overline{X}_{p_i} = X_{p_i} - X_{pg}, & \overline{X}_{tp_i} = X_{tp_i} - X_{tpg} \\
\overline{Y}_{p_i} = Y_{p_i} - Y_{pg}, & \overline{Y}_{tp_i} = Y_{tp_i} - Y_{tpg} \\
\overline{Z}_{p_i} = Z_{p_i} - Z_{pg}, & \overline{Z}_{tp_i} = Z_{tp_i} - Z_{tpg}
\end{cases}
\tag{3-4-9}
$$

对于误差方程式（3-4-7），如果直接使用重心化坐标表示，则公式可写为

$$
\begin{bmatrix} v_X \\ v_Y \\ v_Z \end{bmatrix} =
\begin{bmatrix}
1 & 0 & 0 & \overline{X}_p & -\overline{Z}_p & 0 & -\overline{Y}_p \\
0 & 1 & 0 & \overline{Y}_p & 0 & -\overline{Z}_p & \overline{X}_p \\
0 & 0 & 1 & \overline{Z}_p & \overline{X}_p & \overline{Y}_p & 0
\end{bmatrix}
\begin{bmatrix} \Delta X_0 \\ \Delta Y_0 \\ \Delta Z_0 \\ \Delta\lambda \\ \Delta\Phi \\ \Delta\Omega \\ \Delta K \end{bmatrix}
-
\begin{bmatrix} l_X \\ l_Y \\ l_Z \end{bmatrix}
\tag{3-4-10}
$$

$$
\begin{bmatrix} l_X \\ l_Y \\ l_Z \end{bmatrix}_i =
\begin{bmatrix} \overline{X}_{tp} \\ \overline{Y}_{tp} \\ \overline{Z}_{tp} \end{bmatrix}_i
- \lambda^0 \boldsymbol{R}^0
\begin{bmatrix} \overline{X}_p \\ \overline{Y}_p \\ \overline{Z}_p \end{bmatrix}_i
-
\begin{bmatrix} X_0^0 \\ Y_0^0 \\ Z_0^0 \end{bmatrix}
\tag{3-4-11}
$$

绝对定向的解算实际上就是要确定空间相似变换的 7 个待定参数，至少需要列出 7 个误差方程式。在航空摄影测量中，需要利用最少 2 个平高控制点和 1 个高程控制点。若有多余的控制点，便可按最小二乘法原理来解算，列出一般误差方程式的矩阵形式：

$$
\boldsymbol{V} = \boldsymbol{A}\boldsymbol{x} - \boldsymbol{l}
$$

其相应的法方程为

$$
\boldsymbol{x} = (\boldsymbol{A}^{\mathrm{T}}\boldsymbol{A})^{-1}\boldsymbol{A}^{\mathrm{T}}\boldsymbol{l}
$$

式中，$\boldsymbol{A}^{\mathrm{T}}\boldsymbol{A}$，$\boldsymbol{A}^{\mathrm{T}}\boldsymbol{l}$ 都是比较复杂的矩阵，其计算公式展开如下：

$$
\boldsymbol{A}^{\mathrm{T}}\boldsymbol{A} =
\begin{bmatrix}
n_X & 0 & 0 & \sum\overline{X}_p & \sum\overline{Z}_p & 0 & \sum\overline{Y}_p \\
0 & n_Y & 0 & \sum\overline{Y}_p & 0 & \sum\overline{Z}_p & -\sum\overline{X}_p \\
0 & 0 & n_Z & \sum\overline{Z}_p & -\sum\overline{Y}_p & -\sum\overline{X}_p & 0 \\
\sum\overline{X}_p & \sum\overline{Y}_p & \sum\overline{Z}_p & \sum(\overline{X}_p^2+\overline{Y}_p^2+\overline{Z}_p^2) & 0 & 0 & 0 \\
\sum\overline{Z}_p & 0 & -\sum\overline{X}_p & 0 & \sum(\overline{X}_p^2+\overline{Z}_p^2) & \sum\overline{X}_p\,\overline{Y}_p & \sum\overline{Z}_p\,\overline{Y}_p \\
0 & \sum\overline{Z}_p & \sum\overline{Y}_p & 0 & \sum\overline{X}_p\,\overline{Y}_p & \sum(\overline{Y}_p^2+\overline{Z}_p^2) & -\sum\overline{X}_p\,\overline{Z}_p \\
\sum\overline{Y}_p & -\sum\overline{X}_p & 0 & 0 & \sum\overline{Z}_p\,\overline{Y}_p & -\sum\overline{X}_p\,\overline{Z}_p & \sum(\overline{X}_p^2+\overline{Y}_p^2)
\end{bmatrix}
\tag{3-4-12}
$$

$$A^{\mathrm{T}}L = \begin{bmatrix} \sum l_X \\ \sum l_Y \\ \sum l_Z \\ \sum (\overline{X}l_X + \overline{Y}l_Y + \overline{Z}l_Z) \\ \sum (\overline{X}l_X - \overline{Z}l_Z) \\ \sum (\overline{Y}l_Y - \overline{Z}l_Z) \\ \sum (\overline{X}l_X - \overline{Y}l_Y) \end{bmatrix} \qquad (3\text{-}4\text{-}13)$$

由于采用了重心化坐标,式(3-4-12)中的 $\sum \overline{X_p} = \sum \overline{Y_p} = \sum \overline{Z_p} = 0$,因此,$A^{\mathrm{T}}A$ 简化成这种很多值为 0 的矩阵(式(3-4-14)):

$$A^{\mathrm{T}}A = \begin{bmatrix} n_X & 0 & 0 & 0 & 0 & 0 & 0 \\ 0 & n_Y & 0 & 0 & 0 & 0 & 0 \\ 0 & 0 & n_Z & 0 & 0 & 0 & 0 \\ 0 & 0 & 0 & \sum(\overline{X_p}^2 + \overline{Y_p}^2 + \overline{Z_p}^2) & 0 & 0 & 0 \\ 0 & 0 & 0 & 0 & \sum(\overline{X_p}^2 + \overline{Z_p}^2) & \sum \overline{X_p}\,\overline{Y_p} & \sum \overline{Z_p}\,\overline{Y_p} \\ 0 & 0 & 0 & 0 & \sum \overline{X_p}\,\overline{Y_p} & \sum(\overline{Y_p}^2 + \overline{Z_p}^2) & -\sum \overline{X_p}\,\overline{Z_p} \\ 0 & 0 & 0 & 0 & \sum \overline{Z_p}\,\overline{Y_p} & -\sum \overline{X_p}\,\overline{Z_p} & \sum(\overline{X_p}^2 + \overline{Y_p}^2) \end{bmatrix}$$

$$(3\text{-}4\text{-}14)$$

同样地,由于重心化后的 $\sum l_X$、$\sum l_Y$、$\sum l_Z$ 最终都为 0,以重心化坐标解算相似变换的参数,式(3-4-13)中 7 个参数中 3 个平移量为零,可化简为式(3-4-15)。所以,实际解算 4 个参数 $\Delta\lambda$、$\Delta\Phi$、$\Delta\Omega$、ΔK,并且其中的 $\Delta\lambda$ 可以单独求出。

$$A^{\mathrm{T}}L = \begin{bmatrix} 0 \\ 0 \\ 0 \\ \sum (\overline{X}l_X + \overline{Y}l_Y + \overline{Z}l_Z) \\ \sum (\overline{X}l_X - \overline{Z}l_Z) \\ \sum (\overline{Y}l_Y - \overline{Z}l_Z) \\ \sum (\overline{X}l_X - \overline{Y}l_Y) \end{bmatrix} \qquad (3\text{-}4\text{-}15)$$

总之,三维空间相似变换解算一般采用重心化坐标。重心化坐标的优点是可以避免待定未知数 ΔX_0、ΔY_0、ΔZ_0 的计算,因为重心化后它们的值等于零。各定向参数的增量 ΔX_0、ΔY_0、ΔZ_0、$\Delta\lambda$、$\Delta\Phi$、$\Delta\Omega$、ΔK 求得后,分别与其相应的近似值相加即可求得各定向元素,λ 除外,因为 $\lambda = \lambda_0(1 + \Delta\lambda)$。空间相似变换的解算也采用迭代计算,逐渐趋近。

单元模型绝对定向解算的具体过程归纳如下:

(1) 获取控制点的两套坐标:X_p、Y_p、Z_p、X_{tp}、Y_{tp}、Z_{tp}。

（2）给定相似变换参数的初值：$\lambda = 1, \Phi = \Omega = K = 0, X_0 = Y_0 = Z_0 = 0$。

（3）计算地面摄影测量坐标系重心的坐标和重心化的坐标。

（4）计算摄影测量坐标系重心的坐标和重心化的坐标。

（5）计算误差方程式的系数和常数项。

（6）解法方程，求相似变换参数改正数。

（7）计算相似变换参数的新值。

（8）判断迭代是否收敛，判断 $\Delta\Phi, \Delta\Omega, \Delta K$ 是否均小于给定的限值 ε。若大于限值 ε，则重复步骤（4）～步骤（8），否则，计算过程结束。

2．相对定向、绝对定向元素与航摄像片的方位元素

前面学了航摄像片的外方位元素、立体像对相对定向和绝对定向元素等知识。请大家思考一个问题：立体像对中的相对定向元素及绝对定向元素，与像片的外方位元素有什么关系？对这个问题的进一步梳理，有助于清晰认识单像空间后方交会、立体像对相对定向与绝对定向的区别及联系。

首先从下面两个方面来剖析它们三者之间的区别。航摄像片的外方位元素、立体像对相对定向和绝对定向元素都是描述摄影瞬间航摄像片或立体像对位置和姿态的参数。为了方便分析，将一个立体像对作为整体来考虑。那么，2张像片的外方位元素就是描述左、右像片在摄影瞬间的绝对位置和姿态的参数；相对定向元素则是描述立体像对中两张像片相对位置和姿态关系的参数；绝对定向元素是描述立体像对在摄影瞬间的绝对位置和姿态的参数。外方位元素和绝对定向元素，都是描述像片或立体模型绝对位置和姿态，只有相对定向元素，描述的是立体像对相对位置和姿态。

再分析它们三者的联系。从参数的数目来看，一个立体像对左右2张像片共有12个外方位元素。而一个立体像对的相对定向元素共有5个，绝对定向元素共7个。分析到这里，人们可能猛然间会惊奇地发现一个有意义的公式，就是：一个立体像对12个外方位元素＝5个相对定向元素＋7个绝对定向元素。

显然，要恢复一个立体像对在地面摄影测量坐标系下的绝对位置和姿态，目前学习了两种方法：一种是直接获得2张像片的12个外方位元素；另外一种是先对立体像对进行相对定向，然后进行绝对定向，从而得到实际地表三维模型。这两种方法的结果是相同的，都可以得到实际地表模型。唯一不同的是，相对定向-绝对定向方法还不能真正求解一个立体像对左右像片的外方位元素，对每张像片实现摄影过程的几何反转。

3.5　立体像对光束法严密解

3.5.1　一步定向法

根据前面学过的摄影测量基础知识，如单影像空间后方交会、立体像对相对定向、绝对定向、前方交会等，如何根据未知点的像点坐标获得该点的地面摄影测量坐标而实现摄影测量基本任务？

目前，有两种方法可以实现。一是后方交会-前方交会解法，首先利用一定数量控制点的物方空间坐标与像方坐标，由单像空间后方交会，求出左、右影像的外方位元素；然后再根据待定同名点的像点坐标与外方位元素,利用空间前方交会方法求出待定点的物方空间坐标。第二种方法是相对定向-绝对定向解法,先通过解求立体像对的相对定向元素,按前方交会方法计算得到模型点的摄影测量坐标后,利用至少两个平高控制点和一个高程控制点进行单元模型的绝对定向,最后再由绝对定向参数求得待定点的物方空间坐标。

当然,还可以无需经过两个步骤,先分别求出两幅影像的外方位元素,然后再做前方交会,再将像片参数与物方空间点坐标在一个整体内进行,理论较为严密。这就是本节要学习的立体影像对的光束法严密解法。

立体影像对的光束法严密解法,也称为一步定向法。仍由共线方程出发,但在线性化过程中,与单影像空间后方交会问题不同,此时把空间点坐标(X,Y,Z)也作为未知数,与其他未知参数一起求它们的改正数。即将参数与空间点坐标在一个整体内进行,理论较为严密。这时误差方程的一般形式,可以写成:

$$\begin{cases} v_x = a_{11}\Delta X_S + a_{12}\Delta Y_S + a_{13}\Delta Z_S + a_{14}\Delta\varphi + a_{15}\Delta\omega + a_{16}\Delta\kappa - \\ \quad\quad a_{11}\Delta X - a_{12}\Delta Y - a_{13}\Delta Z + x^0 - x \\ v_y = a_{21}\Delta X_S + a_{22}\Delta Y_S + a_{23}\Delta Z_S + a_{24}\Delta\varphi + a_{25}\Delta\omega + a_{26}\Delta\kappa - \\ \quad\quad a_{21}\Delta X - a_{22}\Delta Y - a_{23}\Delta Z + y^0 - y \end{cases} \quad (3\text{-}5\text{-}1)$$

如图3.26所示,对于一个立体像对中重叠范围内的任一点,可从左、右影像出发列出两组误差方程式(3-5-1)。

左像片　　　　　　　　　　　　　右像片

图3.26　一步定向法

对于控制点而言,误差方程式(3-5-1)中$\Delta X = \Delta Y = \Delta Z = 0$。此时,方程中含有左、右两幅影像的12个外方位元素为未知数,而且每一个待定点将会引入3个空间坐标未知数。

下面引入一个概念,即平差基准。一个立体像对中,在左右像片内方位元素已知的情况下,如果已知12个外方位元素就能确定像点与地面点之间的位置关系,那么,这12个外方位元素则称为共线方程的平差基准。一个立体像对的每一对同名像点,可列出4个误差方程式,因此至少需要3个控制点才能确定共线方程的平差基准,计算出12个外方位元素。

如果在一个立体像对中,含有4个控制点,n个待定点,则需解求多少个未知数?同时根据这些已知条件,能够列出的误差方程个数又是多少?大家知道,对于一对立体像对,能确定平差基准的是12个未知数,每个待定点又有3个未知数X、Y、Z,因此需要解求的未知数目共为$12+3n$个。每一个空间点在左右像片上能列4个误差方程,所以根据4个控制点

和 n 个待定点,共能列 $16+4n$ 个误差方程。

将误差方程式(3-5-1)进一步表示为矩阵的形式:

$$\begin{bmatrix} v_1 \\ v_2 \end{bmatrix} = \begin{bmatrix} A_1 & 0 & \vdots & B_1 \\ 0 & A_2 & \vdots & B_2 \end{bmatrix} \begin{bmatrix} t_1 \\ t_2 \\ \vdots \\ X \end{bmatrix} - \begin{bmatrix} L_1 \\ L_2 \end{bmatrix} \tag{3-5-2}$$

式中：v_1 为由左影像像点列出的误差方程式组；v_2 为由右影像像点列出的误差方程式组；t_1 为由左影像外方位元素组成的列矩阵；t_2 为由右影像外方位元素组成的列矩阵；X 为该模型中全部待定点坐标改正数组成的列矩阵；L_1 为与 v_1 相应的误差方程式的常数项；L_2 为与 v_2 相应的误差方程式的常数项；A_1、A_2、B_1、B_2 为系数矩阵。

误差方程式(3-5-2)还可以表示成更紧凑的形式:

$$V = [A \vdots B] \begin{bmatrix} t \\ X \end{bmatrix} - L \tag{3-5-3}$$

t 为左、右两幅影像的外方位元素,X 为立体像对中全部待定点的坐标。对于控制点来说 $X=0$,其相应的法方程为

$$\begin{bmatrix} A^T A & A^T B \\ B^T A & B^T B \end{bmatrix} \begin{bmatrix} t \\ X \end{bmatrix} = \begin{bmatrix} A^T L \\ B^T L \end{bmatrix} \tag{3-5-4}$$

将式(3-5-4)中每一项系数及常数项进一步分解:

$$\begin{cases} A^T A = \begin{bmatrix} A_1^T A_1 & 0 \\ 0 & A_2^T A_2 \end{bmatrix}, \quad A^T L = \begin{bmatrix} A_1^T L_1 \\ A_2^T L_2 \end{bmatrix}, \quad A^T B = \begin{bmatrix} A_1^T B_1 \\ A_2^T B_2 \end{bmatrix} \\ B^T A = [B_1^T A_1 + B_2^T A_2], \quad B^T B = [B_1^T B_1 + B_2^T B_2], \quad B^T L = [B_1^T L_1 + B_2^T L_2] \end{cases} \tag{3-5-5}$$

或者将法方程写为更加简洁的公式(3-5-6):

$$\begin{bmatrix} N_{11} & N_{12} \\ N_{21} & N_{22} \end{bmatrix} \begin{bmatrix} t \\ X \end{bmatrix} = \begin{bmatrix} u_1 \\ u_2 \end{bmatrix} \tag{3-5-6}$$

对于一个立体像对,t 为 12 个左右像片的外方位元素,X 为立体像对中要解求的未知数或者称为加密点,一般其个数较多。因此,先消去未知数多的 X 可得到改化法方程式(3-5-7),计算出 t,获得左、右两幅影像的外方位元素:

$$(N_{11} - N_{12} N_{22}^{-1} N_{21})t = U_1 - N_{12} N_{22}^{-1} U_2 \tag{3-5-7}$$

然后将计算出的 t 值代入法方程式(3-5-6),计算得到立体像对中全部待定点 x 的坐标:

$$x = N_{22}^{-1}(U_2 - N_{21}t) \tag{3-5-8}$$

下面,对立体像对光束法严密解法的步骤进行总结:

(1) 读入已知数据(像点坐标+物方控制点坐标);

(2) 确定待定参数的初始值(利用单片后交+空间前交确定外方位元素及待定点的初值);

(3) 计算改正数的系数和常数项,列误差方程;

(4) 列法方程,求待定参数的改正数;

（5）确定待求参数新的近似值，迭代计算，直到改正数小于限差；

（6）最终求得待定点的空间坐标和影像的外方位元素。

3.5.2 双像解析摄影测量三种方法比较

1. 双像解析摄影测量

如图 3.27 所示，双像解析摄影测量就是利用解析计算方法处理立体像对，获取地面点的三维空间信息，解决"如何直接通过未知点的像点坐标，获得该点的地面摄影测量坐标"的基本问题。显然实现方法有三种：空间后交-前方交会法（简称后交-前交法）、相对定向-绝对定向法和一步定向法。

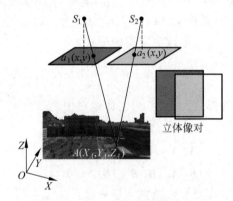

图 3.27 双像解析摄影测量

1）后交-前交法

首先对立体像对中的每一张像片，根据共线方程及 3 个以上且分布合理的地面控制点，利用单像空间后方交会的方法解求像片的外方位元素，恢复像片在摄影时刻的空间位置和姿态。分别解求出左、右像片外方位元素后，以立体像对 12 个像片外方位元素和未知点的像点坐标作为已知条件，采用立体像对的前方交会的点投影系数或严密解法获得未知点三维坐标。

2）相对定向-绝对定向法

以同一地面点发出的在左、右两张像片上的同名光线与摄影基线组成的核面建立共面方程。在两张像片的重叠区域上，通过消除 5 对以上且分布合理的同名点的上下视差（或同名像点匹配），就能够解算出立体像对的 5 个相对定向元素，从而恢复左、右像片相互位置与姿态关系，获得地表三维模型。由于这个三维模型在绝对位置、模型比例尺等方面存在问题，因此通过 3 个以上分布合理的地面控制点解求三维模型的 7 个绝对定向元素，从而将相对定向模型纳入绝对的物方坐标系下，获得地表在地面摄影测量坐标系下的实际模型。

3）一步定向法

基于共线方程理论，将立体像对中的 12 个外方位元素和未知点的三维坐标同时作为未知数，通过共线方程的线性化处理，同步求解这两类未知数的改正数。利用迭代趋近的原则，最终获得两张像片外方位元素和未知点三维坐标。

2. 三种双像解析摄影测量方法比较

下面，分别从严密性、控制点要求和适用场合 3 个方面来剖析三种方法的特点及区别与联系,如表 3.1 所示。

表 3.1　三种双像解析摄影测量方法比较

方 法 名 称	理 论 基 础	严 密 性	控制点要求	使 用 场 合
后交-前交法	共线方程、共线条件、共线方程线性化	点位精度取决于外方位元素精度,没有利用多余条件	3 个平高点	已知像片外方位元素
相对定向-绝对定向法	共面方程、共线方程	点位精度取决于相对定向-绝对定向精度	2 个平高点＋1个高程点	航带法加密
一步定向法	共线方程、共线方程线性化	理论最严密、精度最高	3 个平高点	光束法加密

1）严密性

如图 3.28 所示,后交-前交与相对定向-绝对定向两种方法都是分步解求,后一步的精度受前一个步骤的影响,因此误差会累积。比如后交-前交法中,立体像对前方交会认为单像空间后方交会解求的像片外方位元素是精确的,而前方交会计算过程中,没有充分利用多余条件进行平差计算,尤其是点投影系数法;相对定向-绝对定向方法计算公式比较多,最后的点位精度取决于相对定向和绝对定向的精度,用这种方法可以在模型上量测未知点的三维坐标,但最后的解算结果不能严格表达一幅影像的外方位元素。

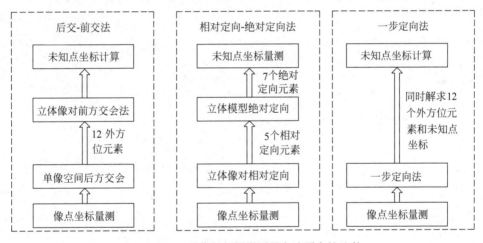

图 3.28　三种像解析摄影测量方法严密性比较

一步定向法没有严格区分两个步骤,而是将所有未知数纳入同一个共线方程进行求解,其理论最严密,并且待定点的坐标是完全按最小二乘法平差原理解求出来的,精度最高。

2）控制点要求

单像空间后方交会-立体像对前方交会法,最少要求 3 个平高控制点,这个主要是在单像空间后方交会中需要。立体像对相对定向-绝对定向法,最少要求 2 个平高和 1 个高程控制点,主要是在单元模型绝对定向中需要。而一步定向法,同样需要 3 个平高控制点。显然,从控制点要求来看,第二种方法平面和高程控制点可以分开,但第一种和最后一种对控制点要求比较苛刻,必须是平高控制点。

3）使用场合

基于上述分析的原因,后交-前交法对像片外方位元素解求精度要求比较高,往往在已知影像的外方位元素,需确定少量的待定点坐标时采用;相对定向-绝对定向法往往在航带法解析空中三角测量中应用;一步定向法在光线束法解析空中三角测量中应用。当然,3种方法均可在摄影测量系统中得到应用。

习题与思考题

1. 立体视觉条件有哪些? 并指出各立体视觉条件是如何实现的。

2. 立体像对前方交会与单像空间后方交会有什么不同?

3. 双像解析摄影测量的基本任务是通过像点获得对应地面点坐标,其实现途径有哪些?

第 **4** 章

解析空中三角测量

4.1 解析空中三角测量概述

4.1.1 什么是空中三角测量

1. 空中三角测量的定义与意义

解析空中三角测量,简称空三,是指利用连续摄取的具有一定重叠度的航摄像片,依据少量野外控制点,利用摄影测量方法建立同实地相应的航线模型或区域网模型,可以是光学的或数字的,从而获取地面点的物方空间坐标(图 4.1)。

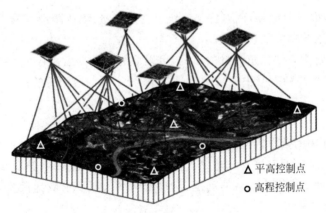

图 4.1 解析空中三角测量

△ 平高控制点
○ 高程控制点

我们已经学习了 3 种双像解析摄影测量的方法,不管是后方交会-前方交会法、相对定向-绝对定向法,还是光束法严密解法,它们都能够直接利用像片上的同名像点坐标,解算出对应地面点的物方坐标,为什么还要学习空中三角测量呢?

由 3.5.2 节分析可知,在一个立体像对上进行立体测图至少需要 3 个以上地面控制点。一个测区如果有几百或几千个立体像对,那么需要多少个地面控制点呢?如果这些像控点都用野外地面测量的话,即便是 GPS 测量,其工作量也是相当大的,显然也是不现实的。那么这些测图用的地面控制点怎么获得呢?在摄影测量中,就是根据影像上量测的像点坐标及少量控制点的大地坐标,通过空中三角测量的方法,获得测图用的已知点,为测图提供绝对定向点。因此,解析空中三角测量也称摄影测量加密,或直接称为"加密"。当然,也可以利用空中三角测量确定区域内所有影像的外方位元素。

另外,采用大地测量测定地面点三维坐标的方法历史悠久,至今仍有十分重要的地位。但随着摄影测量与遥感技术的发展和电子计算机技术的进步,用摄影测量方法进行点位测定的精度有了明显提高,其应用领域不断扩大。而且对某些任务只能用摄影测量方法才能使问题得到有效解决,比如 2006—2010 年实施的为填补西部 1∶5 万地形图空白区的国家西部测图工程,以及地震应急测绘等。

因此,摄影测量方法测定点位坐标的意义在于:

(1) 不需直接触及被量测的目标或物体,凡是在影像上可以看到的目标,不受地面通视条件限制,均可以测定其位置和几何形状;

(2) 可以快速地在大范围内同时进行点位测定,从而可节省大量的野外测量工作量;

(3) 摄影测量平差计算时,加密区域内部精度均匀,且很少受区域大小的影响。

所以,摄影测量加密方法已成为一种十分重要的点位测定方法,主要应用包括为立体测绘地形图、制作影像平面图和正射影像图提供定向控制点(图上精度要求在 0.1mm 以内)和内、外方位元素,主要表现在以下几个方面:

(1) 取代大地测量方法,进行三、四等或等外三角测量的点位测定(要求精度为厘米级);

(2) 用于地籍测量以测定大范围内界址点的国家统一坐标,称为地籍摄影测量,以建立坐标地籍(要求精度为厘米级);

(3) 单元模型中解析计算大量点的地面坐标,用于诸如数字高程模型采样或桩点法测图;

(4) 解析法地面摄影测量,例如各类建筑物变形测量、工业测量以及用影像重建物方目标等。此时,所要求的精度往往较高。

概括起来讲,解析空中三角测量的目的,可以分为两个方面:第一是用于地形测图的摄影测量加密;第二是高精度空中三角测量,用于各种不同的应用目的。

2. 空中三角测量方法

下面,对解析空中三角测量进行分类。

根据平差中采用的数学模型可分为航带法、独立模型法和光束法空中三角测量。航带法是通过相对定向和模型连接首先建立自由航带,以点在该航带中的摄影测量坐标为观测值,通过非线性多项式中变换参数的确定,使自由网纳入所要求的地面坐标系,并使公共点上不符值的平方和为最小。

独立模型法平差是先通过相对定向建立起单元模型,以模型点坐标为观测值,通过单元模型在空间的相似变换,使之纳入规定的地面坐标系,并使模型连接点上残差的平方和为最小。而光束法则直接由每幅影像的光线束出发,以像点坐标为观测值,通过每个光束在三维空间的平移和旋转,使同名光线在物方最佳地交会在一起,并使之纳入规定的坐标系,从而加密出待求点的物方坐标和影像的方位元素。

根据平差范围的大小,解析空中三角测量可分为单模型法、单航带法和区域网法。单模型法是在单个立体像对中加密大量的点,或用解析法高精度地测定目标点的坐标。单航带法是对一条航带进行处理,在平差中无法顾及相邻航带之间公共点条件。而区域网法则是对由若干条航带(每条航带有若干个像对或模型)组成的区域进行整体平差,平差过程中能充分地利用各种几何约束条件,并尽量减少对地面控制点数量的要求。

4.1.2　传统摄影测量作业流程

这节主要介绍传统摄影测量作业流程。一方面,能够让初学者对整个摄影测量和工程任务的实际生产流程有个全面的认识;另一方面,能让大家深入理解空中三角测量在传统摄影测量中的重要地位。

1. 摄影测量概念历史演变

传统摄影测量基本任务之一,就是如何利用立体像对上的同名像点坐标快速解算出对应地面点的物方坐标。摄影测量早期,人们习惯称之为航空摄影测量,在 20 世纪八九十年代,本科专业名称为航空摄影测量与遥感,简称航测专业,主要原因是航空摄影像片是当时摄影测量最主要的数据来源。但随着遥感技术的发展,尤其自从 Spot 卫星获得了首张高分辨率卫星立体像对后(图 4.2),现在发射的很多高分辨率卫星影像,如 Ikonos、QuickBird、Worldview 等都携带有立体像对。我国的资源 3 号等卫星也具有立体观测能力,同学们戴上红绿立体眼镜欣赏一下国家 ZY-3 号卫星的立体模型成果,注意镜片为左红右绿。

(a)　　　　　　　　　　　　　　　　(b)

图 4.2　高分辨率卫星立体观测(来自网络)(有彩图)

(a) Spot 卫星立体观测;(b) 资源三号三维影像图

因此,后来人们就将航空摄影测量直接称为摄影测量,不再刻意区分立体像对是航空或卫星获得(图 4.3)。同时,在实际生产中不管是航空立体像对还是航天立体像对,其作业流程都是类似的。但为了习惯,这里还是主要以航空摄影测量为例介绍实际生产中传统摄影测量的基本作业流程。其实本课程也主要是介绍传统航空摄影测量基础知识。

2. 传统摄影测量作业流程

当接到一项航测工程任务,首先根据用户需求制定项目设计书,布置航测内外业任务。

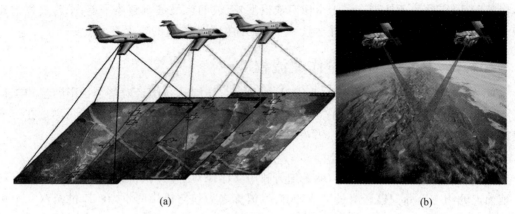

(a)　　　　　　　　　　　　　　　　　　(b)

图 4.3　航空与卫星立体观测(有彩图)(来自网络)

(a) 航空立体观测；(b) 卫星立体观测

总体上讲,航测任务包括两个方面:航测外业与航测内业。航测外业分为航空摄影和外业像控点测量两大部分。如果测区比较偏远,当地国家已建立的控制点稀疏,那么外业像控点测量则包括 4 个方面:购买地面控制点成果、实地踏勘地面控制点、控制网建立,以及 GPS外业像控点测量。航测内业主要包括空中三角测量和立体测图。因此,一般来说传统摄影测量作业流程包括 7 个步骤:航空摄影、购买地面控制点成果、实地踏勘地面控制点、控制网建立,以及 GPS 外业像控点测量、空中三角测量和立体测图,如图 4.4 所示。

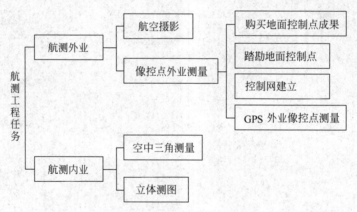

图 4.4　传统摄影测量作业流程

下面,分别介绍各个步骤。

1) 航空摄影

航空摄影要根据项目设计书选择适宜的航空摄影时间与作业范围,申请空域、规划航线,并严格按照第 2 章航空摄影的基本要求进行。在进行航空摄影前,如果测区人工地物少,自然地物的特征点不明显时,需要布设一定数量的地面标志点,或者称为靶标,如图 4.5 所示。

2) 购买地面控制点成果

根据测区所在区域,在当地测绘主管部门购买地面控制点成果资料。由于这些数据是国家机密,因此会签订一系列保密协议,如涉密测绘成果使用申请表、涉密测绘成果安全保密责任书等。最后获得测区控制点成果数据。

图 4.5　地面标志点布设(有彩图)

3）踏勘地面控制点

测绘人员拿着购买的地面控制点成果资料,需要在实地进行踏勘,一方面是看看购买的这些成果在测区的位置,另一方面主要是看这些控制点是否存在,是否能在构建测区控制网中用得上。因为很多控制点实际上已经破坏了,如图 4.6 所示。

(a)　　　　　　　　　　　　　　　(b)

图 4.6　踏勘地面控制点

(a) 寻找地面控制点；(b) 被破坏的控制点

4）控制网建立

如图 4.7 所示的测区位于祁连山偏远地区,交通与通信极为不便,实地勘察得到的大地控制点数量非常有限,而且已购买的控制点距离测区较远,超过 GPS-RTK 测量范围。为便于在测区内进行 GPS-RTK 像控点测量的工地校正,需要组建控制网,将国家大地坐标引入本测区。测量采用 TRIMBLE R8 GNSS 测量系统,属于双频接收机,同时在 3 个 GPS 点上进行观测,有效观测卫星数 7 颗以上,时段长度大于 60min。利用 GPS 静态测量方法,通过联测,在测区内加密 4 个控制点。

5）GPS 外业像控点测量

以引入的地面控制点作为基站,利用 GPS RTK 进行像控点测量。由于测区内地形复杂,RTK 工作范围往往很小,在流动站接收不到基站信号的地方或信号不稳定的区域,需要重新更换 GPS 基站点。

外业像控点位选择很重要,在实地测绘时,一方面保证像控点均匀选取,另一方面一定

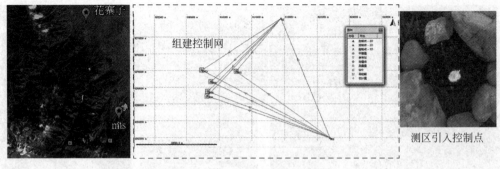

图 4.7　测区控制网建立(有彩图)

要保证所测点位在航摄像片上能够容易找到。比如图 4.8(c)与(d)中,由于区域内自然地物的明显特征点比较少,所以选择了碎纸片或石头尖角处作为像控点,显然是有问题的。

(a)　　　　　(b)　　　　　(c)　　　　　(d)

图 4.8　像控点野外 GPS 测量

(a)、(b) 正确测量；(c)、(d) 不正确测量

6)空中三角测量

航测外业结束后,进行航测内业的第一项任务就是空中三角测量,为后续的立体测图提供高精度测图定向点(图 4.9)。

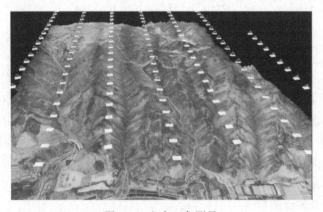

图 4.9　空中三角测量

7)立体测图

在摄影测量系统中,导入空三成果,建立立体模型,对地形结构单一、地形特征不明显的区域,如沙漠、森林、水库等区域,自动匹配的点有时候不能紧贴在地表上,因此进行一些人

工编辑工作(图 4.10),最后输出所需要的 3D 产品。

图 4.10 立体测图

当然,如果测区在城区等大地成果较密集的区域,或者直接可以利用国家卫星定位连续运行参考站 CORS 系统,尤其是后者,则航测外业工作能够大大简化,可以直接利用 CORS 进行像控点测量,省去了高昂的控制测量费用。CORS 测量技术彻底改变了传统 RTK 测量作业方式,在网络条件下可实现单台 GPS 接收机高精度定位。

因此,传统摄影测量作业可以简化成 4 个步骤:航空摄影、像控点测量、空中三角测量和立体测图(图 4.11)。由此可见,空中三角测量在传统摄影测量工作中具有重要的地位。

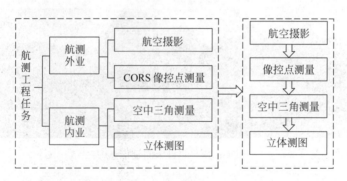

图 4.11 传统摄影测量作业流程简化

4.1.3 影像连接点的类型与设置

空中三角测量因其不需直接接触被量测物体,只要被量测物体出现在影像上,与点在地面上是否通视无关,直接利用摄影像片就可以快速地在大范围内同时进行点位测定。由于测量精度较高,可以取代一、二等以下的点位测定,已成为一种十分重要的点位测定方法。

由于该方法不同于大地测量中的三角测量控制网,而是将空中摄站点及影像放到加密的整个网中,起到点的传递和构网的作用,故通常被称为空中三角测量(图 4.12)。

1. 摄影测量信息与非摄影测量信息

解析空中三角测量不仅要利用所摄目标地区的影像所提供的摄影测量信息,还要利用非摄影测量信息用于确定平差基准,即确定空中三角测量网的绝对位置关系。

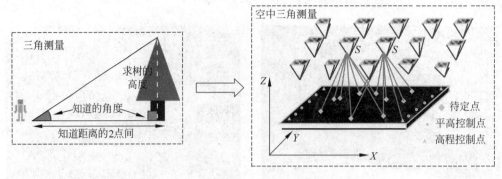

图 4.12 三角测量与空中三角测量(有彩图)

1) 摄影测量信息

摄影测量信息主要指在影像上量测的控制点、定向点、连接点及待求点的影像坐标,或在所建立的立体模型上量测的上述各类点的模型坐标。

2) 非摄影测量信息

非摄影测量信息主要指将空中三角测量网纳入规定物方坐标系所必需的基准信息。长期以来,人们主要是利用若干已知大地测量坐标的物方控制点作为平差的基准信息。非摄影测量信息中还包括直接的大地测量观测值、导航数据所提供的影像外方位元素,以及物方点之间存在的湖面等高等相对控制条件(图 4.13)。

图 4.13 非摄影测量信息

2. 影像连接点的类型与设置

在摄影测量作业中,影像间的联系、影像对的定向等均是通过影像上的连接点来实现的。影像坐标量测值的精度,除了取决于摄影机、摄影材料、坐标量测系统和作业员的水平外,还与影像上连接点的类型与设置有关。

下面首先介绍一下影像连接点位置的设置问题,也就是前面在立体像对相对定向中提到的 6 个标准点位。如图 4.14 所示,以 23cm×23cm 的航摄像片为例,如图所示,1、2 号点分别在左右像片的像主点附近,两像主点的连线称为方位线。3、4、5、6 号点分布在过像主点且垂直于方位线的直线,与旁向重叠中线的交点附近。它们距离像片边缘不得小于 1.5cm,距离垂直线不得大于 1cm,困难时不得大于 1.5cm。且与像主点的距离不能太近,距离不得小于 5cm。7、8 号点分别位于 3、4 与 5、6 号点的中间附近的位置。

常见的影像连接点的类型主要包括 4 种:人工或仪器转刺点、标志点、明显地物点、数字影像匹配(相关)转点。

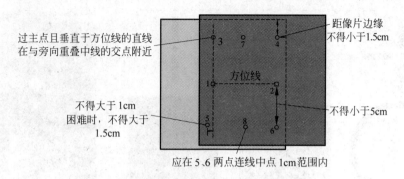

图 4.14　影像连接点设置(6 个标准点位)

1) 人工或仪器转刺点

传统的作业方法是利用人工或转点仪器进行连接点转刺。一般而言,在每幅相片上刺出中间一排连接点,并转刺到相邻航带上。这种方法存在着很多明显的缺点,如刺孔将破坏像片药膜面使得立体照准及刺点误差大,再加上与之相应的精密坐标量测仪器已退出历史舞台,这种方法基本不用了。

2) 标志点

为了避免转刺点误差,对所有控制点和影像连接点布设地面标志是最好不过的。但是,由于其成本高和不便于作业等因素,目前只在高精度摄影测量平差,如加密Ⅲ、Ⅳ等大地控制网、数字地籍测量或高精度变形测量,以及测区明显地物点较少的区域使用。为了在影像上可以辨认和量测,地面标志点的大小需按照影像比例尺来确定。计算标志点直径的经验公式为

$$d \approx 25\text{cm} \cdot M/1000, \quad M \text{ 为影像比例尺分母} \tag{4-1-1}$$

这样在影像上得到的标志的理论直径为 $25\mu\text{m}$,但由于受光照条件影响,实际直径可能要加倍到 $50\mu\text{m}$。表 4.1 中列出了几种影像比例尺下所采用的标志大小,以供实际作业时参考。

表 4.1　几种影像比例尺摄影时所采用的标志大小

影像比例尺	标志点直径(实地)
1∶250(地面摄影测量)	4～8cm
1∶3000～1∶6000	10cm
1∶10000	1∶10000
1∶20000	50cm
1∶50000	1～2m

同时,考虑到标志点在影像上的可辨认性,其周围的影像应具有良好的反差,这一点其实有时比标志大小的选择更为重要。为了便于辨认,在标志点周围还需加辅助标志。标志点和辅助标志之间的间隙至少必须保持在标志点直径的 3 倍(图 4.15)。如果采用立体量测,标志周围应当等高;如果是单像量测,则对地面标志点周围地形要求不高。

图 4.15　地面标点

3）利用地面明显地物点（自然点）

所谓明显地物点，是指在实地存在而且不易受到破坏的、在影像上可准确辨认的自然地物点。直接选取这些点作为控制点和连接点时，无需在相片或透明正片上刺孔，而只要求绘出唯一能确定明显地物点的点位略图及文字说明，并在相片上标明位置所在（图 3.25）。这种方法的优点是不破坏立体观测效应。如果地面明显地物很多，而且选点和量测由同一作业员完成，它也可能达到接近于标志点的精度。但是这种方法对于明显地物不多的荒漠地区，或未开发地区是不可行的，这时候据需要布设一定数量的标志点作为连接点。

利用自然地物点作为控制点时，有时必须将平面和高程控制点分开，以保证量测精度。如图 4.16 所示，平坦地区的道路交叉口，其平面位置不一定很精确，但高程无变化，用作高程控制点。而房角不宜作为高程点，但作为平面控制点却是非常不错的选择。

(a)　　　　　　　　　　　　(b)

图 4.16　高程控制点与平面控制点测量（有彩图）

(a) 高程控制点；(b) 平面控制点

此外，该作业方法比较麻烦，辨认明显地物点位要花费较长时间。

4）数字影像匹配转点

数字影像匹配转点是目前数字摄影测量作业中采用的最普遍方法。将立体像对数字化，然后用影像匹配方法自动寻找左右影像的同名像点，从而实现立体量测的自动化（图 4.17）。关于数字影像匹配的基本理论将在第 5 章介绍。

图 4.17　影像匹配转点(有彩图)(来自网络)

4.1.4　像点坐标量测及系统误差改正

1. 像点坐标量测

摄影测量的主要任务之一就是如何直接通过未知点的像点坐标,获得该点的地面摄影测量坐标。因此,像点平面坐标量测对于摄影测量的作业至关重要。

传统的量测像点坐标的仪器主要有立体坐标量测仪、单像坐标量测仪和解析测图仪,这些都属于人工目视量测。随着摄影测量学科的发展和计算机技术的进步,像点坐标的量测已逐渐转向数字的、自动化(或半自动化)的形式,直接在计算机上进行。目前,对于左右影像上的同名像点,可通过影像匹配的方法来实现像点坐标的自动量测。

2. 像点坐标系统误差改正

在第 2 章像片内定向过程中已经做过像片畸变差改正。在内定向过程中,除了得到以像主点为原点的像平面坐标外,还可以部分改正感光材料变形误差与光学畸变差。但镜头畸变、大气折光畸变、地球曲率等引起的像点坐标畸变还无法通过简单多项式进行改正。

像点坐标的系统误差主要是由摄影材料的变形、摄影物镜畸变、大气折光以及地球曲率诸因素引起的。这些误差对每张影像的影响有相同的规律性,属于系统误差。在像对的立体测图时,它们对成图的精度影响不大,然而在处理大范围的空中三角测量以及高精度的解析和数字摄影测量时必须加以考虑,特别是对摄影材料的变形改正和摄影物镜畸变差的改正(图 4.18)。

因此,像点坐标系统误差改正包括以下 4 个方面。

1) 摄影材料变形改正

摄影材料的变形情况比较复杂,有均匀变形和不均匀变形,所引起的像点坐标位移可通过量测框标坐标进行改正。实际上,在影像的内定向过程中已部分地顾及了摄影材料变形误差的改正,所以,若像点坐标的量测包括了内定向步骤,也可不必另行做摄影材料的变形改正。

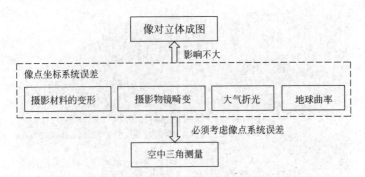

图 4.18　像点坐标的系统误差

2）摄影物镜畸变差改正

物镜畸变差包括对称畸变和非对称畸变，对称畸变差可用多项式来表达：

$$\begin{cases} \Delta x = -x'(k_0 + k_1 r^2 + k_2 r^4) \\ \Delta y = -y'(k_0 + k_1 r^2 + k_2 r^4) \end{cases} \tag{4-1-2}$$

式中：k_0、k_1、k_2 为物镜畸变差改正系数，由摄影机鉴定获得；x'、y' 为像点坐标；Δx、Δy 为像点坐标改正数；$r = \sqrt{x'^2 + y'^2}$ 是以像主点为极点的向径。

3）大气折光改正

大气折光引起像点在辐射方向的改正为

$$\Delta r = -\left(f + \frac{r^2}{f}\right) r_f \tag{4-1-3}$$

其中 r_f 为折光差角，是不同高度处的大气折射率的函数：

$$r_f = \frac{n_0 - n_H}{n_0 + n_H} \cdot \frac{r}{f} \tag{4-1-4}$$

式中：r 是以像底点为极点的向径；f 为摄影机主距；n_0 和 n_H 分别为地面和高度 H 处的大气折射率，可由气象资料或大气模型获得。

那么，大气折光差引起的像点坐标的改正值为

$$\mathrm{d}x = \frac{x'}{r} \Delta r, \quad \mathrm{d}y = \frac{y'}{r} \Delta r \tag{4-1-5}$$

式中：x'、y' 为大气折光改正前的像点坐标。

4）地球曲率改正

由地球曲率引起像点坐标在辐射方向的改正为

$$\delta = \frac{H}{2Rf^2} r^3 \tag{4-1-6}$$

式中：r 是以像底点为极点的向径；R 为地球的曲率半径。

像点坐标的改正分别为

$$\delta x = \frac{x'}{r} \delta, \quad \delta y = \frac{y'}{r} \delta \tag{4-1-7}$$

式中：x'、y' 为地球曲率改正前的像点坐标。

最后，经摄影材料变形改正、摄影物镜畸变差改正、大气折光改正和地球曲率改正后的

像点坐标为

$$\begin{cases} x = x' + \Delta x + \mathrm{d}x + \delta x \\ y = y' + \Delta y + \mathrm{d}y + \delta y \end{cases}$$ 　　　(4-1-8)

式中：(x,y) 为经过各项系统误差改正后的像点坐标；(x',y') 为经过摄影材料变形改正后的像点坐标；$\Delta x,\Delta y$ 为物镜畸变差引起的像点坐标改正数；$\mathrm{d}x,\mathrm{d}y$ 为大气折光引起的像点坐标改正数；$\delta x,\delta y$ 为地球曲率引起的像点坐标改正数。

在本课程后续所介绍的摄影测量解析计算中，在未加说明的情况下，均认为像点坐标已经做过上述系统误差改正处理。

4.2　航带法空中三角测量

4.2.1　单航带法空中三角测量

1. 航带法空中三角测量定义

航带法空中三角测量研究的对象是一条航带模型。其基本思想是首先要把许多立体像对所构成的单个模型连接成航带模型，然后把一个航带模型视为一个单元模型进行解析处理。由于在单个模型连成航带模型的过程中，各单个模型中的偶然误差和残余的系统误差将传递到下一个模型中去，这些传递累积误差的结果会使航带模型产生扭曲变形，所以航带模型经绝对定向整体纳入测图坐标系后，还需做模型的非线性改正才能确定加密点的地面坐标。

因此，航带法空中三角测量的主要工作流程包括 6 个方面：

(1) 像点坐标的量测和系统误差改正；

(2) 立体像对的相对定向；

(3) 模型连接构建自由航带网；

(4) 航带模型的概略绝对定向；

(5) 航带模型的非线性改正；

(6) 加密点坐标计算。

其中，像点坐标的量测和系统误差改正、立体像对相对定向、模型绝对定向和加密点坐标计算等内容与前面各章节介绍的单模型情况基本相同。因此，模型连接构建自由航带网和航带模型的非线性改正成为航带法空中三角测量学习的重点。这节主要介绍模型连接构建自由航带网。

2. 航带模型连接

相对定向的优势是在没有地面控制点参与条件下，可以将一条航带连接为一个整体模型。以连续像对相对定向为例，以第一张像片为基准，完成第一张像片与第二张像片的相对定向。接着，第二张像片不动，以其为基准，完成第 2、3 张像片的相对定向，用同样的方法，就可以完成一条航带上所有立体像对的相对定向。最后，通过相邻模型连接后将整个航带组建成一个大的立体模型。

由此可见，相邻模型连接是整个航带网构建的关键。一条航带各模型完成相对定向后（图 4.19），以航带中第一张像片的像空间坐标系作为其像空间辅助坐标系，以后各像对的像空间辅助坐标轴彼此平行。所以，完成相对定向后各立体模型的像空间辅助坐标系对应的轴相互平行,坐标原点不同,坐标系都是独立的,全航带没有统一的模型坐标系。各模型的基线分量彼此平行,但各自独立,各模型的比例尺不统一。

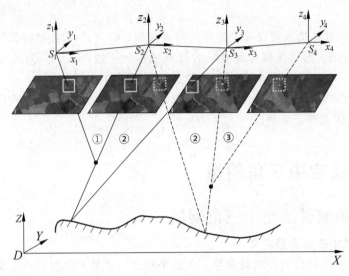

图 4.19　相对定向后航带模型特点

所以模型连接、建立自由航带网需要解决两个问题:一是统一各模型比例尺;二是统一全航带各模型坐标系。为了进行模型连接,首先将第一张像片的空间坐标系作为整个航带模型坐标系,且以第一个立体像对的模型比例尺为基准。进行模型连接的条件是相邻模型公共点的高程相等。

下面以三度重叠的两个立体像对为例进行分析。如图 4.20 所示,①、②表示模型的编号,模型①中的 2、4、6 点与模型②中的 1、3、5 点是同名点,如果前后两个模型的比例尺一致,则点 1 在模型②中的高程,与点 2 在模型①中的高程有以下关系:

$$Z_1^② = Z_2^① - B_{Z_1}$$

式中: $Z_2^①$ 为模型①中 2 点的坐标; $Z_1^②$ 为模型②中 1 点的坐标; B_{Z_1} 为在模型①中求得的相对定向元素 B_Z。

如果前后两个模型的比例尺不一致,则等号不成立,即 $Z_1^② \neq Z_2^① - B_{Z_1}$,其比例尺的归化系数定义为

$$k_2 = (Z_2^① - B_{Z_1})/Z_1^② \tag{4-2-1}$$

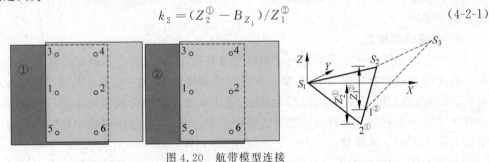

图 4.20　航带模型连接

为了提高模型连接的精度,模型比例尺归化系数 k 是取用由公共点 2、4、6 上求得的各 k 值的平均值,即

$$\overline{k} = \frac{1}{3}(k_2 + k_4 + k_6) \tag{4-2-2}$$

求得模型比例尺归化系数以后,在后一模型中每一模型点的空间辅助坐标以及基线分量 B_X、B_Y、B_Z 均乘以归化系数 $\overline{k}$,就可获得与前一模型比例尺一致的坐标。由此可见模型连接的实质就是求出相邻模型之间的比例尺归化系数 k。

3. 自由航带网构建

在各相对定向模型进行模型连接以后得到一个整体的航带模型,也就是将航带中所有的摄站点、模型点的坐标都纳入全航带统一的摄影测量坐标系中。一般以第一幅影像所在的像空间辅助坐标系为基准构建自由航带网,如图 4.21 所示。

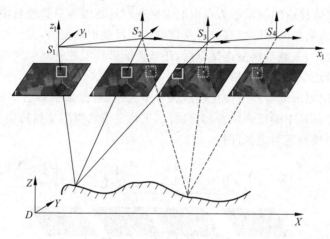

图 4.21　自由航带网构建

那么模型连接后如何求出自由航带网中任一模型点的摄影测量坐标呢?对于第二个模型和以后各模型中的摄站点及模型点的摄影测量坐标求解,应顾及模型比例尺归化系数 k。假设摄影测量坐标用 $(X_P$、Y_P、$Z_P)$ 表示,则第二个模型及以后各模型的摄站点的摄影测量坐标为

$$\begin{cases} (X_P)_{S_2} = (X_P)_{S_1} + \overline{k}mB_{X_2} \\ (Y_P)_{S_2} = (Y_P)_{S_1} + \overline{k}mB_{Y_2} \\ (Z_P)_{S_2} = (Z_P)_{S_1} + \overline{k}mB_{Z_2} \end{cases} \tag{4-2-3}$$

第二个模型及以后各模型中模型点的摄影测量坐标计算公式,则类似于立体像对前方交会:

$$\begin{cases} X_P = (X_P)_{S_1} + \overline{k}mN_1X_1 \\ Y_P = \frac{1}{2}\big[(Y_P)_{S_1} + \overline{k}mN_1Y_1 + (Y_P)_{S_2} + \overline{k}mN_2Y_2\big] \\ Z_P = (Z_P)_{S_1} + \overline{k}mN_1Z_1 \end{cases} \tag{4-2-4}$$

式中:各模型左摄站的坐标 $(X_P)_{S_1}$、$(Y_P)_{S_1}$、$(Z_P)_{S_1}$ 均由前一个模型求得;B_{Y_2}、B_{Z_2} 均为本像对求得的相对定向元素,B_{X_2} 由本像对 2 点的左右视差 P_2 代替;X_1、Y_1、Z_1 为左像点的像空间辅助坐标,X_2、Y_2、Z_2 为右像点的像空间辅助坐标;N_1 和 N_2 为点投影系数;而 m 则为第一个模型比例尺分母。

4. 航带模型的绝对定向

根据上节所学,首先思考三个问题:①一条航带各个立体模型完成相对定向后各模型的坐标系有什么特点?②相邻两个模型进行连接的关键是什么?③模型连接后的航带模型为什么称为自由航带?

在没有地面控制点参与条件下,一条航带上各立体像对根据共面条件完成相对定向后,各模型坐标系的各轴相互平行,但坐标原点不同,模型比例尺也不相同。为了将整个航带无缝拼接,必须进行相邻模型之间的模型连接。连接的原理就是同一地面点在相邻模型上的高程值相同。因此,模型连接的关键:一是统一各模型的坐标系;二是统一模型比例尺。这两个方面都是以第一个立体像对为基准进行。

为什么将模型连接后的航带称为自由航带网呢?这是因为尽管通过模型连接构成了一个大的模型,但自由航带模型的绝对位置及模型比例尺是不确定的,需要根据已知地面控制点进行确定。因此,一条航带模型连接以后,还需要航带模型的绝对定向和非线性改正两个步骤才能完成航带法空中三角测量。

通过模型连接,整个航带模型便拼接成为一个大模型,然后根据已知地面控制点,确定航带模型在地面坐标系中的正确位置和比例尺,把待定点的摄测坐标转换为地面摄测坐标,这一过程称为航带模型绝对定向(图 4.22)。

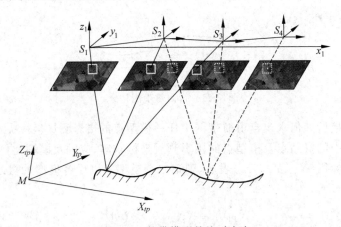

图 4.22 航带模型的绝对定向

与单元模型的绝对定向类似,航带模型的绝对定向也需要确定 7 个参数,即 X_0、Y_0、Z_0、λ、Φ、Ω、K。计算过程类似于 3.4 节立体像对绝对定向,其流程如下:

1) 将控制点的地面测量坐标转换成地面摄测坐标

选择分布在航带网首末像对中的两个控制点,通过平面相似变换将控制点的地面测量坐标转换成地面摄测坐标。

2) 重心坐标和重心化坐标的计算

选择不在一条直线上、跨度尽量大的足够数量的控制点(至少两个平高控制点,一个高程控制点)作为绝对定向的定向点。利用这些定向点计算地面摄测坐标和模型摄测坐标的重心,以及重心化的地面摄测坐标和重心化的摄测坐标。

3) 绝对定向误差方程式的建立和法方程式的求解

利用控制点的重心化坐标可以列出误差方程式及相应的法方程式,通过迭代计算求出

7个绝对定向元素。

　　4）绝对定向坐标的计算

　　仿照单元模型绝对定向的方法，利用空间相似变换式即可计算得到绝对定向后的坐标。

　　5. 航带模型的非线性改正

　　将航带模型的绝对定向又称为航带模型概略绝对定向，为什么称为概略呢？主要原因是航带网绝对定向后，所构成的航带模型存在着残余系统误差和偶然误差，在模型连接中传递累积使航带模型产生扭曲。因此，绝对定向后的模型坐标只是地面摄测坐标的概略值。为此，还需利用控制点的地面实测坐标和地面摄测坐标概略值之间的不符关系，进行航带网的非线性变形改正。

　　实际上航带模型的变形是非常复杂的，不能用一个简单的数学公式精确地表达出来。通常采用多项式曲面来逼近复杂的变形曲面，通过最小二乘法拟合，使控制点处拟合曲面上的变形值与实际相差最小。通常采用的多项式有两种形式：一种是对 X、Y、Z 坐标分别列出多项式；另一种是平面坐标采用正形变换多项式，而高程则采用一般多项式。本节采用第一种方法。

　　以三次非完全多项式为例，非线性变形的改正公式为

$$\begin{cases} \Delta X = A_0 + A_1 \overline{X} + A_2 \overline{Y} + A_3 \overline{X^2} + A_4 \overline{XY} + A_5 \overline{X^3} + A_6 \overline{X^2 Y} \\ \Delta Y = B_0 + B_1 X + B_2 Y + B_3 X^2 + B_4 XY + B_5 \overline{X^3} + B_6 \overline{X^2 Y} \\ \Delta Z = C_0 + C_1 X + C_2 Y + C_3 X^2 + C_4 XY + C_5 \overline{X^3} + C_6 \overline{X^2 Y} \end{cases} \tag{4-2-5}$$

其中：$\Delta X = \overline{X}_{tp} - \overline{X}$，$\Delta Y = \overline{Y}_{tp} - \overline{Y}$，$\Delta Z = \overline{Z}_{tp} - \overline{Z}$；$\Delta X$、$\Delta Y$、$\Delta Z$ 是定向点系统误差的改正数；$\overline{X}$、$\overline{Y}$、$\overline{Z}$ 为绝对定向后点的重心化摄测坐标；$\overline{X}_{tp}$、$\overline{Y}_{tp}$、$\overline{Z}_{tp}$ 为相应点的重心化地面摄测坐标；A_i、B_i、C_i 为待定参数。对于常规的三次多项式共有 21 个待定参数，所以必须至少有 7 个平高控制点才能求解方程。

　　在控制点数量较少或航线长度较短时，一般可采用二次多项式，此时待定参数共有 15 个，因此必须至少有 5 个平高控制点才能解决问题。

　　利用控制点上重心化地面摄测坐标和相应重心化摄测坐标之间的不符值，建立误差方程式，其中 X 方向的误差方程为

$$-v_X = A_0 + A_1 \overline{X} + A_2 \overline{Y} + A_3 \overline{X^2} + A_4 \overline{XY} - (\overline{X}_{tp} - \overline{X}), \quad p = 1 \tag{4-2-6}$$

其总式可写成：

$$\boldsymbol{V} = \boldsymbol{A}\boldsymbol{x} - \boldsymbol{l} \tag{4-2-7}$$

其中

$$\boldsymbol{V} = \begin{bmatrix} v_{x_1} \\ \vdots \\ v_{x_n} \end{bmatrix}, \quad \boldsymbol{A} = \begin{bmatrix} 1 & \overline{X}_1 & \overline{Y}_1 & \overline{X}_1^2 & \overline{X}_1 \overline{Y}_1 \\ \vdots & \vdots & \vdots & \vdots & \vdots \\ 1 & \overline{X}_n & \overline{Y}_n & \overline{X}_n^2 & \overline{X}_n \overline{Y}_n \end{bmatrix}, \quad \boldsymbol{x} = \begin{bmatrix} A_0 \\ \vdots \\ A_4 \end{bmatrix}, \quad \boldsymbol{l} = \begin{bmatrix} \overline{X}_{tp_1} - \overline{X}_1 \\ \vdots \\ \overline{X}_{tp_n} - \overline{X}_n \end{bmatrix}$$

$$\tag{4-2-8}$$

　　多项式系数矩阵记为 $\boldsymbol{A}_i$，同理可以列出 $\boldsymbol{Y}$ 和 $\boldsymbol{Z}$ 方向的误差方程式，其多项式系数矩阵定义为 $\boldsymbol{B}_i$ 和 $\boldsymbol{C}_i$，那么，根据一定数量的地面控制点就可以计算得到待定参数 $\boldsymbol{A}_i$、$\boldsymbol{B}_i$、$\boldsymbol{C}_i$，获得多项式各系数值；然后，利用所求得的多项式系数 $\boldsymbol{A}_i$、$\boldsymbol{B}_i$、$\boldsymbol{C}_i$，以及待定点的重心化摄测

坐标,即可求得待定点的重心化地面摄测坐标,最终得到待定点地面摄测坐标为

$$\begin{cases} X_{tp} = X_{tpg} + \overline{X} + \Delta X = X_{tpg} + \overline{X} + A_0 + A_1\overline{X} + A_2\overline{Y} + A_3\overline{X}^2 + A_4\overline{X}\overline{Y} \\ Y_{tp} = Y_{tpg} + \overline{Y} + \Delta Y = Y_{tpg} + \overline{Y} + B_0 + B_1\overline{X} + B_2\overline{Y} + B_3\overline{X}^2 + B_4\overline{X}\overline{Y} \\ Z_{tp} = Z_{tpg} + \overline{Z} + \Delta Z = Z_{tpg} + \overline{Z} + C_0 + C_1\overline{X} + C_2\overline{Y} + C_3\overline{X}^2 + C_4\overline{X}\overline{Y} \end{cases} \quad (4\text{-}2\text{-}9)$$

4.2.2　航带法区域网平差

航带法空中三角测量都是把一条航带作为独立的解算单元。对一条航线上的所有立体像对完成相对定向后,进行模型连接获得自由航带网,然后利用 3 个以上地面控制点,进行概略绝对定向,再次利用 5 个以上的地面控制点,进行航带模型的非线性改正,从而求出待定点的地面坐标。

1. 航带法区域网平差思想

航带法区域网平差是以单航带作为基础,把几条航带或一个测区作为各解算的整体,同时求得整个测区内全部待定点的坐标,如图 4.23 所示。

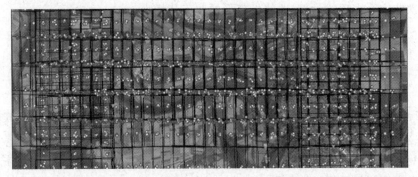

图 4.23　航带法区域网平差(有彩图)

图 4.24 所示为航带法区域网空中三角测量示意图,区域网共有三条航带,每条航带由 4 个立体像对组成。四周布设 10 个平高控制点,中间布设 2 个高程控制点,未知点数共有 8 个。

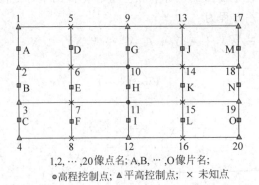

1,2,…,20 像点名; A,B,…,O 像片名;
⊙高程控制点; ▲平高控制点; × 未知点

图 4.24　航带法区域网平差示意图

航带法区域网平差的基本思想是:首先,按单航带的方法将每条航带构建自由网,然后用本航带的控制点及与下一条相邻航带的公共连接点,进行本航带的三维空间相似变换或概略绝对定向,将整个区域内的各航带都纳入统一的摄影测量坐标系中,然后各航带按非线

性变形改正公式,同时解算各航带的非线性改正系数。

计算过程中既要顾及相邻航带间公共连接点的坐标应相等,控制点的地面实测坐标与其对应的地面摄测坐标概略值应相等,又要使观测值改正数的平方和最小二乘值最小,最后求出全区待定点的地面坐标。单个未知点在平差中不起作用,故不参加平差计算。

2. 航带法区域网平差

因此,如图 4.25 所示,航带法区域网平差包括三个步骤:建立自由比例尺的航带网,建立松散的区域网,以及区域网整体平差。

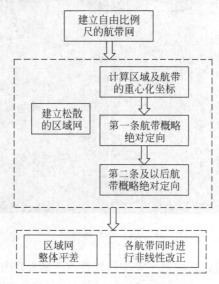

图 4.25　航带法区域网平差步骤

1) 建立自由比例尺的航带网

各航带分别进行模型的相对定向和模型连接,然后求出各航带模型中摄站点、控制点和待定点的摄测坐标。由于此时求得的摄测坐标在坐标系原点和模型比例尺方面都还是各自独立的,故称为自由比例尺的航带网。

2) 建立松散的区域网

为了将区域中各自由比例尺的航带网拼成松散的区域网,需要将自由比例尺的航带网逐航带依次进行空间相似变换,即各航带网进行概略绝对定向。具体过程包括三个方面:

(1) 计算区域及航带的重心化坐标。

首先计算整个区域及各航带摄测坐标和地面摄测坐标的重心坐标。重心坐标的 X 和 Z 分量可取全区域首末两控制点的平均值,如 1 点和 20 点,而重心的 Y 坐标分量除了利用全区域首末两控制点坐标平均值信息外,各航带需分别计算,得到各航带重心坐标的 Y 分量。区域及各航带的重心坐标求得后即可计算各点的重心化摄测坐标和地面摄测坐标。

(2) 第一条航带概略绝对定向。

利用第一条航带中的已知控制点,首先进行概略绝对定向,求出第一条航带中各点在区域摄测坐标系中的概略坐标。由于尚未进行非线性变形改正,所以是概略的。

(3) 第二条及以后航带概略绝对定向。

依次进行第二条航带及以后各条航带的概略绝对定向。这时每一条航带中若有控制点信息,则利用控制点进行概略绝对定向;若无控制点信息,则利用本航带与下一航带间的公共连接点作为"已知"的控制点进行概略绝对定向。注意,此时各接边点坐标都不取中数,以保持各航带的相对独立性。这样就完成了第二步建立松散的区域网。

3. 区域网整体平差

如图 4.26 所示,建立的松散区域网内部发生了畸变,因此借助地面控制点和航带间的公共连接点,对松散区域网进行非线性改正,整体平差解算后获得待定地面点的坐标。

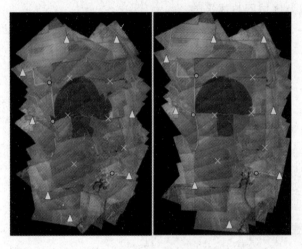

图 4.26 松散区域网

下面简单介绍一下航带法区域网平差中非线性改正的处理方法。每一条航带的非线性改正可以采用二次多项式:

$$\begin{cases} \Delta X = A_0 + A_1 \overline{X} + A_2 \overline{Y} + A_3 \overline{X}^2 + A_4 \overline{X}\overline{Y} \\ \Delta Y = B_0 + B_1 X + B_2 Y + B_3 X^2 + B_4 XY \\ \Delta Z = C_0 + C_1 X + C_2 Y + C_3 X^2 + C_4 XY \end{cases} \quad (4\text{-}2\text{-}10)$$

其中,

$$\begin{cases} \Delta X = \overline{X}_{tp} - \overline{X} \\ \Delta Y = \overline{Y}_{tp} - \overline{Y} \\ \Delta Z = \overline{Z}_{tp} - \overline{Z} \end{cases}$$

注意,在多条航带同时进行区域网平差时,除了对每一个外业控制点列出一套非线性改正式外,还要对所有航带间的公共连接点列出改正式,此时连接点的坐标是待定的未知数。

下面,以 X 坐标的计算为例,说明区域网平差解算方法。松散区域网建立后未知点的地面摄测坐标关系式为

$$\overline{X}_{tp} = \overline{X} + A_0 + A_1 \overline{X} + A_2 \overline{Y} + A_3 \overline{X}^2 + A_4 \overline{X}\overline{Y} \quad (4\text{-}2\text{-}11)$$

式中: $\overline{X}$ 为绝对定向后点的重心化摄测坐标; $\overline{X}_{tp}$ 为相应点的重心化地面摄测坐标。将 $\overline{X}$ 视为观测值,其改正数为 v_X, $\overline{X}$ 对于控制点而言是已知值,对于连接点或加密点是未知数,两种情况的误差方程式都可以列出来。

对于控制点,其权 p 为 1:

$$-v_X = A_0 + A_1 \overline{X} + A_2 \overline{Y} + A_3 \overline{X}^2 + A_4 \overline{X}\,\overline{Y} - (\overline{X}_{tp} - \overline{X}) \tag{4-2-12}$$

对于航带间连接点,设该点位于本航带 i 的下排点和下一航带 $i+1$ 的上排点,其权 p 为 0.5,$-(v_X - v_X')$ 公式比较复杂,但与上式类似。

$$-(v_X - v_X') = A_0 + A_1 \overline{X} + A_2 \overline{Y} + A_3 \overline{X}^2 + A_4 \overline{X}\,\overline{Y} -$$
$$(A_0' + A_1' \overline{X}' + A_2' \overline{Y}' + A_3' \overline{X}'^2 + A_4' \overline{X}'\,\overline{Y}') -$$
$$(\overline{X}' + X_{tpg_{i+1}} - \overline{X} - X_{tpg_i}) \tag{4-2-13}$$

对于本航带每一个控制点及本航带与下一航带间连接点,可以列出误差方程式的形式为

$$-\boldsymbol{V}_{i控} = \boldsymbol{A}_{i控}\, \boldsymbol{a}_i - \boldsymbol{l}_{i控}, \quad \boldsymbol{P}_{i控} = \boldsymbol{E} \tag{4-2-14}$$

$$-\boldsymbol{V}_{i,i+1} = \begin{bmatrix} \boldsymbol{A}_{i下} & \boldsymbol{A}_{i+1上} \end{bmatrix} \begin{bmatrix} \boldsymbol{a}_i \\ \boldsymbol{a}_{i+1} \end{bmatrix} - \boldsymbol{l}_{i,i+1}, \quad \boldsymbol{P}_{i,i+1} = \frac{1}{2}\boldsymbol{E} \tag{4-2-15}$$

因此,整个区域网的总误差方程为

$$-\begin{bmatrix} \boldsymbol{V}_{1控} \\ \boldsymbol{V}_{12} \\ \boldsymbol{V}_{2控} \\ \boldsymbol{V}_{23} \\ \boldsymbol{V}_{3控} \end{bmatrix} = \begin{bmatrix} \boldsymbol{A}_{1控} & 0 & 0 \\ \boldsymbol{A}_{1下} & -\boldsymbol{A}_{2上} & 0 \\ 0 & \boldsymbol{A}_{2控} & 0 \\ 0 & \boldsymbol{A}_{2下} & -\boldsymbol{A}_{3上} \\ 0 & 0 & \boldsymbol{A}_{3控} \end{bmatrix} \begin{bmatrix} \boldsymbol{a}_1 \\ \boldsymbol{a}_2 \\ \boldsymbol{a}_3 \end{bmatrix} - \begin{bmatrix} \boldsymbol{l}_{1控} \\ \boldsymbol{l}_{12} \\ \boldsymbol{l}_{1控} \\ \boldsymbol{l}_{23} \\ \boldsymbol{l}_{1控} \end{bmatrix} \tag{4-2-16}$$

这样就得到第一条航带控制点的 $\boldsymbol{V}_{1控}$,第一条航带与第二条航带的连接点 $\boldsymbol{V}_{12}$,第二条航带控制点的 $\boldsymbol{V}_{2控}$,第二条航带与第三条航带的连接点 $\boldsymbol{V}_{23}$,第三条航带控制点的 $\boldsymbol{V}_{3控}$ 的误差方程式。

下面,请大家根据本区域网中控制点及未知点分布情况思考三个问题:①请列出每一航带及与下一航带连接点所列误差方程的个数。②如果使用二次多项式进行非线性改正,那么,区域网观测值个数有多少? 必要观测数及多余观测数分别是多少?

根据本区域网各点的分布情况,第一条航带上共有 5 个平高和 1 个高程控制点,那么就可以列出 $5 \times 3 + 1 = 16$ 个点,第一条航带与第二条航带的连接点共有 2 个未知点和高程控制点的平面位置,能列 $2 \times 3 + 2 = 8$ 个方程,同理可以算出整个区域误差方程的个数为 $16 + 8 + 14 + 8 + 16 = 62$ 个。如果整个区域利用二次多项式进行非线性改正,则区域网观测值个数就是所列出的误差方程的个数,即 62 个。必要观测数如何计算呢? 每一条航带进行非线性改正需要 15 个参数,也就是必要观测数为 15,那么 3 条航带,必要观测数就是 $15 \times 3 = 45$ 个。显然本航带网有 $62 - 45 = 17$ 个多余观测数。这样就可以利用最小二乘平差方法精确解求出 45 个非线性改正系数了。

下面简单介绍一下具体计算方法。对于每一个控制点或上下航带间连接点,可以列出误差方程矩阵形式为

$$\boldsymbol{V} = \boldsymbol{B}\boldsymbol{X} - \boldsymbol{L} \quad 权\ \boldsymbol{P} \tag{4-2-17}$$

式中:$\boldsymbol{B}$ 为误差方程式系数矩阵;$\boldsymbol{X}$ 为由各航带待定非线性改正系数所组成的列矩阵;$\boldsymbol{L}$ 为常数项矩阵;$\boldsymbol{P}$ 为对角线的权矩阵。相应的法方程为

$$\boldsymbol{B}^{\mathrm{T}}\boldsymbol{P}\boldsymbol{B}\boldsymbol{X} - \boldsymbol{B}^{\mathrm{T}}\boldsymbol{P}\boldsymbol{L} = \boldsymbol{0} \tag{4-2-18}$$

解法方程即可求出整体平差后航带网中各航带的非线性改正系数 $A_0 \sim A_4$，同理可以求出 $B_0 \sim B_4$、$C_0 \sim C_4$。最后，得到待定点的地面坐标，其方法与单航带空中三角测量类似。

4.3 光束法空中三角测量及三种空三方法比较

4.3.1 光束法空中三角测量

航带法区域网空中三角测量是以单航带为基础，通过一个个像对的相对定向和模型连接，构建自由航带。航带法区域网平差以各条自由航带为平差的基本单元，将各航带中待定点或控制点的摄测坐标作为平差的观测值。利用模型中控制点的加密坐标与野外实测坐标应相等，及航带间公共连接点坐标应相等为条件列误差方程式，解算各航带的非线性变形改正系数。由于这种方法构建自由航带时，是以前一步计算结果作为下一步计算的依据，所以误差累积得很快，甚至偶然误差也会产生累积作用。这是航带法平差的主要缺点和不严密之处。

独立模型法区域网空中三角测量以单模型或双模型作为平差单元，由一个个相互连接的单模型即可构成一条航带网，也可以组成区域网，但构网误差被限制在单个模型内，不会发生传递累积，克服了航带法空中三角测量的不足。由于独立模型法区域网平差结合了航带法与光束法区域网平差法，因此不再赘述。

下面重点学习更加严密的光束法区域网空中三角测量。

1. 光束法区域网空中三角测量原理

1）基本思想

光束法区域网空中三角测量以一幅影像所组成的一束光线作为平差的基本单元，以中心投影的共线方程作为平差的基础方程（图 4.27）。通过各个光线束在空间的旋转和平移，使模型之间公共点的光线实现最佳的交会，并使整个区域最佳地纳入到已知的控制点坐标系统中去。这里的旋转相当于光线束的外方位角元素，而平移相当于摄站点的空间坐标。在具有多余观测的情况下，由于存在着像点坐标量测误差，所谓的相邻影像公共交会点坐标应相等和控制点的加密坐标与地面测量坐标应一致，均是在保证以上两种坐标差平方和最小。这便是光束法区域网空中三角测量的基本思想。

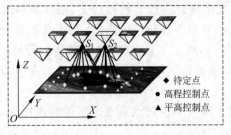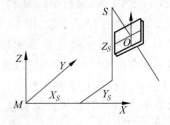

图 4.27　独立模型法区域网空中三角测量

2）基本流程

光束法区域网空中三角测量的基本步骤包括：

（1）确定每张像片外方位元素和待定点坐标的近似值，也称为概算；

（2）列误差方程式。从每幅影像上的控制点和待定点的像点坐标出发，按每条摄影光线的共线条件方程列出误差方程式；

（3）逐点法化建立改化法方程式，先解求每幅影像的外方位元素；

（4）解求待定点的地面坐标。利用空间前方交会求得待定点坐标，对于相邻影像公共交会点应取其均值作为最后结果。

光束法平差以影像坐标为原始的观测值，能最佳顾及摄影材料变形等引起的像点坐标系统误差，是最严密的区域网空中三角测量。

2．未知数初值概算

同单张影像空间后方交会一样，光束法区域网平差是以共线条件方程式作为其基本数学模型。影像坐标观测值是未知数的非线性函数，因此需经过线性化处理后，才能用最小二乘法原理进行计算。同样，线性化过程中需要给未知数提供一套初始值，所提供的初始值越接近最佳解，其迭代收敛速度越快。不合理的初始值不仅会影响收敛速度，甚至可能造成不收敛。所以，光束法区域网空中三角测量中未知数初值的取值尤为重要。

通常，像片的外方位元素和地面点坐标近似值可以利用航带法的加密成果。首先按照航带法加密计算，得到全测区每个像对所需的测图控制点地面摄测坐标，然后进行空间后方交会，求出所需像片的外方位元素。这些值将作为光束法平差计算的初始值。

3．误差方程式和法方程式的建立

与单像空间后方交会不同，在对共线方程进行线性化过程中，对地面点坐标 X、Y、Z 也要进行偏微分。在内方位元素视为已知的情况下，其误差方程式可表示为

$$\begin{cases} v_x = a_{11}\Delta X_S + a_{12}\Delta Y_S + a_{13}\Delta Z_S + a_{14}\Delta\varphi + a_{15}\Delta\omega + \\ \qquad a_{16}\Delta\kappa - a_{11}\Delta X - a_{12}\Delta Y - a_{13}\Delta Z + x^0 - x \\ v_y = a_{21}\Delta X_S + a_{22}\Delta Y_S + a_{23}\Delta Z_S + a_{24}\Delta\varphi + a_{25}\Delta\omega + \\ \qquad a_{26}\Delta\kappa - a_{21}\Delta X - a_{22}\Delta Y - a_{23}\Delta Z + y^0 - y \end{cases} \tag{4-3-1}$$

式中各系数值通过求偏导数获得，方法类似于第 3 章立体像对光束法严密解。

把误差方程式写成矩阵的形式：

$$V = \begin{bmatrix} A & \vdots & B \end{bmatrix} \begin{bmatrix} t \\ X \end{bmatrix} - L \tag{4-3-2}$$

对每一个像点可以列出一组这样的误差方程式。方程中含有两类未知数 t 和 X。其中 t 表示所有影像外方位元素，X 表示所有待定点的坐标。

相应的法方程式为

$$\begin{bmatrix} A^{\mathrm{T}}A & A^{\mathrm{T}}B \\ B^{\mathrm{T}}A & B^{\mathrm{T}}B \end{bmatrix} \begin{bmatrix} t \\ X \end{bmatrix} = \begin{bmatrix} A^{\mathrm{T}}L \\ B^{\mathrm{T}}L \end{bmatrix} \tag{4-3-3}$$

对于区域网空中三角测量而言，由于所涉及的航线数、影像数和每幅影像的量测像点数有时会很多，此时误差方程式的总数是十分可观的。在解算过程中一般可先消去数目多的未知数而只求另一类未知数。因此消去未知数 X 以后，可得 t 未知数的解为

$$t = \begin{bmatrix} A^{\mathrm{T}}A - A^{\mathrm{T}}B(B^{\mathrm{T}}B)^{-1}B^{\mathrm{T}}A \end{bmatrix}^{-1} \begin{bmatrix} A^{\mathrm{T}}L - A^{\mathrm{T}}B(B^{\mathrm{T}}B)^{-1}B^{\mathrm{T}}L \end{bmatrix} \tag{4-3-4}$$

这样求出改正数 t 后与初始值相加，获得每幅影像的外方位元素后，再利用空间前方交会方法，即可求得全部待定点的地面坐标。

4. 两类未知数交替趋近法

交替趋近法的基本思想源于后交-前交解法,也可参考第 3 章介绍的一步定向法。如果已知地面点的坐标,共线条件方程经线性化以后的误差方程式就变成了解算空间后方交会:

$$
\begin{cases}
v_x = a_{11}\Delta X_S + a_{12}\Delta Y_S + a_{13}\Delta Z_S + a_{14}\Delta\varphi + a_{15}\Delta\omega + a_{16}\Delta\kappa + x^0 - x \\
v_y = a_{21}\Delta X_S + a_{22}\Delta Y_S + a_{23}\Delta Z_S + a_{24}\Delta\varphi + a_{25}\Delta\omega + a_{26}\Delta\kappa + y^0 - y
\end{cases}
\tag{4-3-5}
$$

反过来,如果每幅影像的外方位元素已知,则成为解求空间前方交会误差方程:

$$
\begin{cases}
v_x = -a_{11}\Delta X - a_{12}\Delta Y - a_{13}\Delta Z - l_x \\
v_y = -a_{21}\Delta X - a_{22}\Delta Y - a_{23}\Delta Z - l_y
\end{cases}
\tag{4-3-6}
$$

实际上在光束法区域网平差中,地面待定点坐标和每幅影像的外方位元素均是未知的,采用交替趋近法时则依次认为它们均为已知。首先利用地面点的近似坐标作为已知值,求出每幅影像的外方位元素,然后再用外方位元素的新值计算每点的地面坐标,如此反复趋近直至每幅影像外方位元素的改正值和待定点坐标的改正值均小于某个限值时为止,迭代结束。这就是交替趋近法的基本思想。

这种解法的优点是对计算机容量的要求不高。缺点是迭代趋近的次数较多,计算时间长。此外,若未知数初始值不好,有时还会发生不收敛的情况。

4.3.2　三种区域网平差方法比较

目前为止,我们已经学习了常用的三种区域网平差方法,包括航带法区域网平差、独立模型法区域网平差和光束法区域网平差。下面,从模型背景及平差原理、平差单元、观测值、未知数、平差数学模型、精度和应用等 7 个方面进行比较。

1. 模型背景及平差原理

1) 航带法区域网平差

航带法产生于电子计算机问世之初,它是从模拟仪器上的空中三角测量演变过来的,是一种分步的近似平差方法。首先通过单个像对的相对定向和模型连接构建自由航带,然后在进行每条航带多项式非线性改正时,顾及航带间公共点条件和区域内的控制点,使之得到最佳的符合。

2) 独立模型法区域网平差

独立模型法平差源于单元模型空间相似变换的思想。利用由影像坐标经解析相对定向后求出的或量测的独立模型坐标,通过各单元立体模型在空间的旋转、平移和缩放,使得模型公共点有尽可能相同的坐标,并通过地面控制点使整个空中三角测量网最佳地纳入规定的坐标系中。

3) 光束法区域网平差

光束法区域网平差是从实现摄影过程的几何反转出发,基于摄影成像时,像点、物点和摄影中心三点共线的特点而提出的。这种方法最初提出时,由于受当时计算机水平和计算技术的限制未能广泛应用。但随着摄影测量技术的发展和计算机水平的提高,这种最严密的平差方法日益得到广泛应用,并已成为解析空中三角测量方法的主流。

2. 平差单元

航带法的平差单元为一条航带,由多个立体像对组成;独立模型法为独立模型,一般由

1～3个立体像对组成；而光束法的平差单元则是单个光束，是单张影像。

3. 观测值

航带法的观测值是自由航带中各点的概略地面摄测坐标；独立模型法的观测值是计算的或量测的模型坐标；光束法将每幅影像的像点坐标作为原始观测值，是最严密的一步解法，误差方程式直接对原始观测值列出，能最方便地顾及影像系统误差的影响。

4. 未知数

航带法区域网平差中，将各航带的多项式改正系数作为未知数。显然，未知数少，解算方便和快速，但精度不高。独立模型法的未知数为：各模型空间相似变换的7个参数，亦可按平面4个、高程3个参数分开解求，此外未知数还有加密点的地面坐标。光束法未知数是各影像的外方位元素，在某些特定条件下也包含内方位元素和所有待求点的地面坐标，未知数的数目最多。

5. 平差数学模型

航带法区域网平差的数学模型，是航带坐标的非线性多项式改正公式；独立模型法的数学模型是单元模型的空间相似变换公式；而光束法的数学模型是共线条件方程。

6. 精度

航带法不是严密的平差方法，精度最低；独立模型法是一种相当严密的平差方法，如果能顾及模型坐标间的相关特性，独立模型法在理论上与光束法同样严密；光束法通过各个光束在空间的旋转和平移，使同名光线最佳地交会，并最佳地纳入地面控制系统中去，是最严密的一步解法，精度最高。它还可以严密地处理非常规摄影以及非量测相机的影像数据。

7. 应用

航带法主要用于为严密平差提供初始值和小比例尺低精度点位加密。独立模型法可以进行测图加密。目前光束法区域网平差已广泛应用于低级别大地测量三角网及高精度数字地籍测量地界点等位测定等工作。

表4.2展示了三种区域网平差方法的不同特点。总之，航带法计算速度快，可以提供初始值。但缺点是分步近似平差，不严密且精度较差。独立模型法较航带法严密，但计算较费时不能很好地消除系统误差的影响，对粗差有较好的抵抗能力。光束法理论最严密，精度最高且对粗差有较好的抵抗能力，已经成为解析空三的主流方法。

表4.2 三种区域网平差方法的不同特点

	航 带 法	独立模型法	光 束 法
平差单元	航带	单元模型	单张像片
观测值	各点概略地面测坐标	模型坐标	像点坐标
未知数	各航带非线性变形改正系数	各模型空间相似变换参数及加密点坐标	各像片外方位元素及加密点坐标
平差数学模型	多项式	空间相似变换公式	共线方程
对计算机要求	低	高	最高
精度	低	高	最高
应用	小比例尺低精度加密或初值	测图加密	低级别大地测量三角网及高精度数字地籍测量地界点

当然,与前两种方法相比,光束法区域网平差也有其缺点。首先,由于共线方程所描述的像点坐标与各未知参数的关系是非线性的,因此必须建立线性化误差方程式和提供各未知数初始值,而这对于航带法区域网平差是不必要的,对于平面独立模型法平差也不需要。其次,光束法区域网平差未知数多、计算量大、计算速度也相对较慢。此外,光束法区域网平差不能像前两种方法那样可将平面高程分开处理,而只能是三维网平差。

4.4 空中三角测量的新发展

前面我们学习了航带法、独立模型法和光束法等几种经典的传统区域网空中三角测量方法。如图 4.28 所示,这些区域网平差都要求平面采用周边布点,旁向控制点间距不大于3 条航线(平地、丘陵地)或 4 条航线(山地、高山地)。高程控制点垂直于航线方向成网状布设,航线两端上下应有 1 对高程控制点。

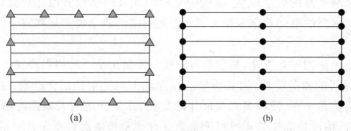

图 4.28 常规空三对控制点布设基本要求

(a) 平面控制点布设;(b) 高程控制点布设

下面,着重介绍一下摄影测量与非摄影测量观测值的联合平差、GPS 辅助空中三角测量、POS 空中三角测量等新发展。

1. 摄影测量与非摄影测量观测值的联合平差

空中三角测量经常需要与某些非摄影测量信息进行联合平差,但通常进行摄影测量平差时利用的地面控制点不认为是联合平差。所谓的摄影测量与非摄影测量观测值的联合平差,指的是在摄影测量平差中使用了更加一般的原始的非摄影测量观测值或条件。主要包括:物方空间的大地测量观测值、影像外方位元素观测值或条件等。

实际上从 20 世纪 50 年代初,人们就开始研究在空中三角测量中使用各种辅助数据,如高差仪和地平摄影机数据、空中断面记录仪(APR)、计算机控制的像片导航系统(CPNS)数据等。

目前,全球定位系统(GPS)和惯性导航系统(INS)的广泛应用(图 4.29),使得联合平差出现了前所未有的美好前景。GPS 不仅可以用来测定地面控制点坐标,而且用差分动态定位(DGPS)方法可以测定摄站点坐标 X_S、Y_S、Z_S,可达到分米级或厘米级精度,用于空中三角测量可大量节省地面控制点。而惯性导航数据与 GPS 数据组合,可同时测定影像姿态角元素,从而有可能用外方位元素直接测图,而免去了空中三角测量的过程。

2. GPS 辅助空中三角测量

全球定位系统(GPS)最初起源于美国军方的一个项目,20 世纪 70 年代初研制的新一代卫星导航和定位系统,由卫星部分、地面控制部分和用户接收机三部分组成。到 1994 年,

图 4.29　摄影测量与非摄影测量观测值的联合平差

全球覆盖率高达98％的 24 颗 GPS 卫星星座已布设完成。可以保证全球任一测站能在任何时刻,同时收到 4 颗以上卫星的信号,获得测站精确位置信息(图 4.30)。目前全球有四大卫星定位系统,包括美国 GPS、我国北斗卫星导航系统 BDS、俄罗斯 GNSS 和欧盟伽利略 GSNS。

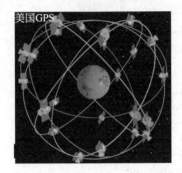

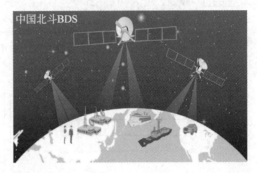

图 4.30　全球定位 GPS 系统

如图 4.31 所示,GPS 辅助空中三角测量,是利用装在飞机和设在地面的一个或多个基准站上的至少两台 GPS 信号接收机,同时而连续地观测 GPS 卫星信号,通过 GPS 载波相位测量差分定位技术的离线数据后处理获取航摄仪曝光时刻摄站的三维坐标,然后将其视为附加观测值引入摄影测量区域网平差中,经采用统一的数学模型和算法以整体确定点位和像片方位元素的理论、技术和方法。

从理论上讲,GPS 提供的摄站坐标用于区域网平差可完全取代地面控制点,但为了解决基准问题,将世界大地基准 WGS84 转换为我国坐标系中的区域网平差成果,要求有一定数量的地面控制点。若区域网四角各有一个平高控制点,区域的两端还需要布设二排高程控制点,或者另加飞两条构架垂直航线如图 4.32 与图 4.33 所示。

国内外很多学者对利用 GPS 数据进行区域网平差的理论和方法进行了广泛而深入的研究和模拟试验,使人们从理论上对 GPS 辅助空中三角测量有了新的认识。从 20 世纪 90 年代初起,我国科研人员也做了大量的 GPS 辅助空中三角测量试验,并取得了令人鼓舞的成果。

例如新疆喀什试验,全区面积为 98km×46km,相机为 RC－30,焦距为 152mm,获得 2024 张胶片,GPS 接收机 Trimble 5700,1s 数据更新率。从表 4.3 中看出,在四角布设 4 个平高地面控制点的情况下,GPS 辅助光束法区域网平差基本达到了常规周密边布点自检校

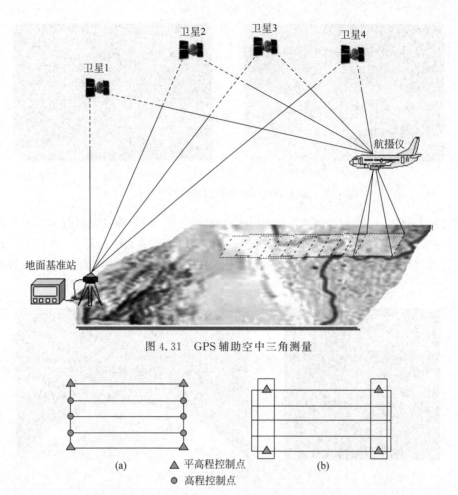

图 4.31　GPS 辅助空中三角测量

△ 平高程控制点
● 高程控制点

图 4.32　GPS 辅助空三对地面控制点的要求

(a) 四角平高控制点＋两排高程控制点；(b) 四角平高控制点＋两条垂直构架航线

图 4.33　构架航线(有彩图)

光束法区域网平差的精度。在无地面控制情况下，GPS 辅助光束法区域网平差的实际精度要略低。尽管如此，无地面控制的 GPS 辅助空中三角测量还是达到了相当高的精度，为我国西部困难地区测图提供了技术保障。

表 4.3　新疆喀什 GPS 空三试验对比

平差方案	$\sigma_0/\mu m$	检查点数		实际精度/m		最大残差/m	
		平面	高程	平面	高程	平面	高程
四角布点 GPS 辅助光束法平差	7.1	31	31	0.737	0.543	1.296	0.903
无地面控制 GPS 辅助光束法平差	7.1	31	31	2.638	1.571	4.248	2.889

3. 自动空中三角测量

常规的解析空中三角测量,是把像点坐标的量测与平差计算分别放在两个环节中完成的,这种脱机方式处理的严重缺点是对量测的质量缺乏及时了解。在线空中三角测量的基本思想是利用电子计算机的高速运算和联机操作控制的优点,把像点坐标的量测与最小二乘平差计算放在同一个环节中进行,一边进行观测一边进行运算,以便对量测过程做出必要的更改而与该系统做人机对话。

所谓自动空中三角测量,就是利用模式识别技术和多影像匹配等方法,代替人工在影像上自动选点与转点,同时自动获取像点坐标,提供给区域网平差程序解算,以确定加密点在选定坐标系中的空间位置和影像的定向参数。

4. POS 空中三角测量

定位定向系统(position orientation system,POS),是集差分定位 DGPS 技术和惯性导航系统 INS 技术于一体,主要包括 GPS 和惯性测量装置 IMU 两部分。将 POS 系统和航摄仪集成在一起,直接测量摄影时刻像片位置和姿态,获得测图需要的每张像片 6 个外方位元素(图 4.34)。POS 系统应用于无地面控制或仅有少量地面控制点情况下的摄影测量,可为崇山峻岭、戈壁荒漠等难以通行的地区快速进行地理信息数据更新服务。

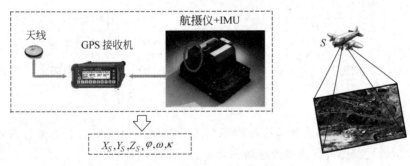

图 4.34　POS 空中三角测量

由于直接传感器定向不利用地面控制点,而仅仅是通过投影中心外推获得地面点坐标的,因此,系统校正是进行传感器定向不可缺少的一项主要工作。直接传感器定向首先应布设理想的检校场,进行严格的系统检校,保证测定的定向参数具有很高的精度(图 4.35)。

综上所述,由于 GPS/POS 辅助空中三角测量的发展,航空摄影测量作业方式发生了比较大的改变,如图 4.36 所示。一方面,逐步摆脱对地面控制的依赖,几乎无需外业测量;另

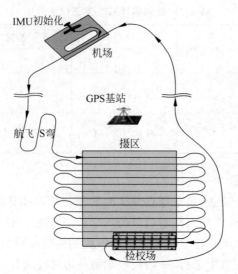

图 4.35 POS 航空摄影模式

一方面,利用多像片影像匹配算法可高效、准确、自动地量测其影像坐标,完全取代了常规航空摄影测量中由人工逐点量测像点坐标的作业模式,实现了真正意义上的全自动空中三角测量。

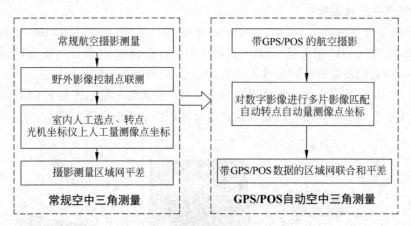

图 4.36 航空摄影测量作业方式对比

因此,POS 系统使得摄影测量逐步摆脱对外业控制测量及空中三角测量的依赖,真正意义上实现了通过摄影进行测量的全新作业流程,如图 4.37 所示。

图 4.37 航空摄影测量方式改变

习题与思考题

1. 试述传统摄影测量作业流程。

2. 航带法区域网空中三角测量的重点及难点有哪些？

3. 空中三角测量有哪些新发展？这些发展给传统摄影测量作业带来了哪些变革,请举一种新发展进行展开说明。

第 ⑤ 章

数字摄影测量基础

5.1 数字影像与特征提取

5.1.1 数字影像

1. 数字影像的概念

关于数字影像的概念前面已经提到过,为了加深印象,请大家首先思考一个问题:图 5.1 中,与原始影像相比,①组和②组图像从左到右影像质量发生了什么变化?

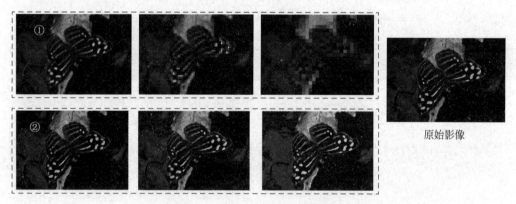

图 5.1 数字影像质量(有彩图)

对比发现,与原始影像对比,①和②组影像从左到右,影像质量都在逐渐降低,但降低的方面不同。第一组图像越来越模糊,最后甚至出现了马赛克现象,显然是空间分辨率在降低;而第二组空间分辨率没有变化,但颜色的层次逐渐在减少,这说明辐射分辨率在降低。

数字影像就是由空间采样与属性量化两个过程构成的,通常用一个灰度矩阵 g 来表达,任一像素的灰度值为 $g_{i,j}$,点位坐标用 (x,y) 表示,则

$$\begin{cases} x = x_0 + i \cdot \Delta x, & i = 0,1,\cdots,n-1 \\ y = y_0 + j \cdot \Delta y, & j = 0,1,\cdots,m-1 \end{cases} \tag{5-1-1}$$

$\Delta x = \Delta y$,就是采样间隔,即空间分辨率。图像像素通常用 $g(i,j)$ 表示。

因此,如果要将一幅光学航空像片转化为数字影像,采样和量化间隔的选择就很重要。一般空间采用 300dpi(dots per inch,每英寸点数),底片需 600dpi;属性量化采用 8 位($2^8 = 256$ 灰度级)量化精度,彩色的用 24 位。

2. 数字影像重采样

数字影像灰度值通常记录在矩阵点或采样点上。那么,如图 5.2 所示,如果想获得不位于采样点上的 $g(x,y)$ 值时,就需进行内插,称为重采样。

如图 5.3 所示,重采样的方法有三种:最近邻法、双向线性内插法和三次卷积法。最近邻法比较简单,直接取周围 4 个点中距离最近的采样点灰度值。双线性内插法则将周围 4 个采样点灰度值进行了加权和,权重是距离的函数,虽然计算费时,但精度较高。三次卷积法考虑了周围 16 个像元的灰度值,计算较为费时。一般情况下选择双线性内插法较适宜。

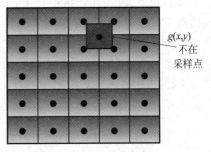

图 5.2 数字影像重采样

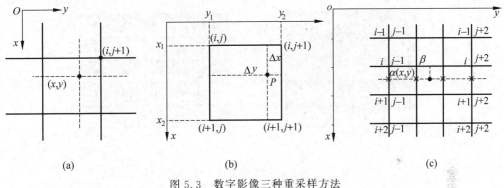

图 5.3 数字影像三种重采样方法

(a) 最近邻法;(b) 双线性内插法;(c) 三次卷积法

3. 核线影像及核线影像重采样

核线的重要性在于同名像点必在同名核线上,如图 5.4 所示。在核线影像上,行号相同的核线互为同名核线,因此自动寻找同名点的速度和精度将会大大提高。

图 5.4 核线影像

然而，一般数字影像的扫描行与核线并不重合，必须按照核线几何关系对左右影像做核线重排列处理，获得一对核线影像。所以，如何进行核线重采样获得核线影像成为关键。有两种主要方法：在水平影像上获得核线影像和直接在倾斜影像上获得核线影像。这里以在"水平"影像上获得核线影像为例进行说明。

我们知道，核线在航摄像片上是不平行的，它们交于一点。但是，如果将影像上的核线投影到平行于摄影基线的影像平面后，则核线相互平行。因此，这里所谓的"水平"影像指的就是平行于基线的影像。

图 5.5 中，图(a)为原始(倾斜)影像，像元坐标记为 (x,y)，图(b)为"水平"影像(核线影像)，坐标记为 (u,v)，它们之间的投影关系为

$$\begin{cases} x = -f \dfrac{a_1 u + b_1 v - c_1 f}{a_3 u + b_3 v - c_3 f} \\[2mm] y = -f \dfrac{a_2 u + b_2 v - c_2 f}{a_3 u + b_3 v - c_3 f} \end{cases} \tag{5-1-2}$$

逐像元将"水平"像片上的坐标 (u,v) 反算到原始影像 (x,y)，在原始影像重采样后就可以获得水平的核线影像灰度值，从而获得了核线影像。

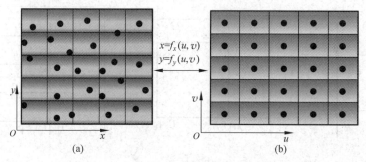

图 5.5 在"水平"影像上获得核线影像

(a) 原始(倾斜)影像；(b) "水平"影像(核线影像)

5.1.2 数字特征提取

如图 5.6 所示，人们对一幅数字影像最感兴趣的是那些明显的目标。而要识别这些目标，必须借助于影像特征提取算子，主要包括点特征、线特征和面特征提取。下面简单介绍几种点、线特征提取算子。

图 5.6 影像特征提取(有彩图)

1．点特征提取算子

点特征主要指明显点，如角点、圆点等，如图 5.7 所示，与左边其他几个特征相比 D 图是兔子较明显的点特征。提取点特征的算子称为兴趣算子，比较知名的有 Moravec 算子、Forstner 算子、Harris 算子和 SIFT 算子等。

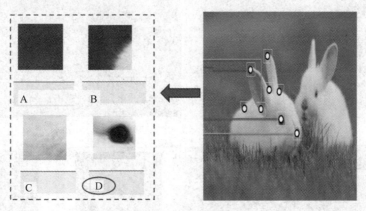

图 5.7　点特征提取

下面以 4 种典型地物类型原始影像（图 5.8）为例，来说明这几种算子的简单原理及提取结果。

图 5.8　4 种典型地物类型原始影像（有彩图）

Moravec 算子是在 1977 年提出的，利用灰度方差提取点特征的算子（图 5.9(a)）。Forstner 算子通过各像素的 Robert 梯度，利用灰度协方差矩阵寻找特征点（图 5.9(b)）。Harris 算子是在 Moravec 算子基础上发展出的通过子相关矩阵的角点提取算法（图 5.9(c)）。SIFT 算子是一种计算机视觉的算法，其实质是在不同的尺度空间上查找特征点，算法虽然提出较晚，但目前应用比较广泛，提取点特征结果也是最佳的，如图 5.9(d)所示。

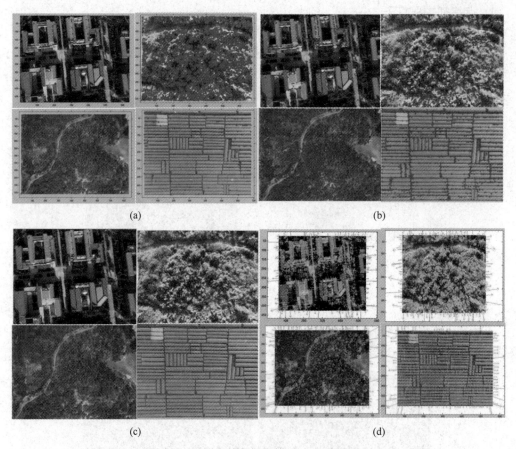

(a)　　　　　　　　　　　　　　　(b)

(c)　　　　　　　　　　　　　　　(d)

图 5.9　不同点特征提取算子对比(有彩图)

(a) Moravec 算子；(b) Forstner 算子；(c) Harris 算子；(d) SIFT 算子

2．线特征提取算子

线特征是指影像的"边缘"，可定义为影像局部区域特征不相同的区域间的分界线。图 5.10 中有水平方向排列的 6 个像元，很容易判断出在第 4 个和第 5 个像素之间有一个边缘，因为这两个像素之间发生了强烈的灰度跳变。在实际的边缘检测中，边缘还需要取阈值来区分。线特征提取通常利用边缘检测法，检测一阶导数或差分最大或二阶导数或差分为零的点。常用的方法有 Sobel 算子、Robert 算子、Prewitt 算子、Log 算子等。

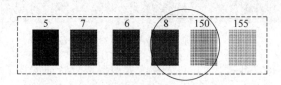

| 5 | 7 | 6 | 8 | 150 | 155 |

图 5.10　影像线特征

下面通过对同一原始影像数据进行线特征提取，对比分析不同方法的线特征提取效果(图 5.11)。

Roberts 边缘算子利用一个 2×2 的模板，提取对角方向相邻的两个像素之差较大的像元，其边缘定位较准，且对噪声敏感。Prewitt 算子利用周围邻域 8 个点的灰度值来估计中

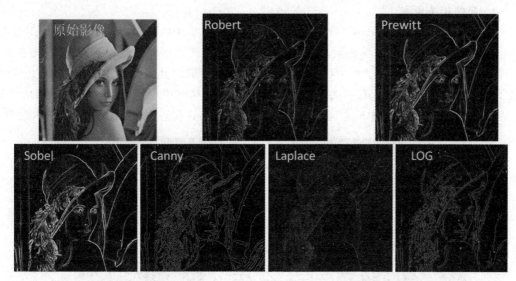

图 5.11 线特征提取算子对比

心的梯度。比起 Prewitt 算子,Sobel 算子也是用周围 8 个像素来估计中心像素的梯度,但是 Sobel 算子认为靠近中心像素的点应该给予更高的权重。Canny 边缘检测是在一阶微分算子的基础上,增加了非最大值抑制和双阈值两项改进,有效减少边缘的漏检率,使得细节保留非常完整,但识别目标不够突出。Laplace 算子是一种二阶导数,Log 算子也是采用二阶导数的方法,由于其差分算子对噪声很敏感,因而在进行差分运算前先进行低通滤波,然后再利用 Laplace 算子进行高通滤波,因此该算子又被称为高斯-拉普拉斯算子。

5.2 影像匹配基础理论与算法

5.2.1 数字影像匹配

数字摄影测量以影像匹配代替了传统的人工观测,达到确定同名点的目的(图 5.12)。因此,如何快速确定同名点成为摄影测量三维立体模型的关键技术之一。最初的影像匹配是利用相关技术实现的,随后发展了多种影像匹配方法。

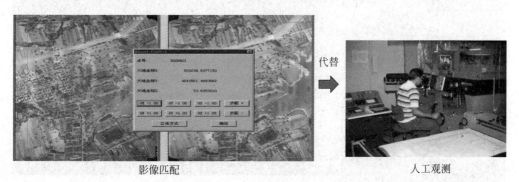

图 5.12 影像匹配代替了人工观测

1. 影像相关原理

由于最初的影像匹配采用了相关技术,因而常有人将影像匹配称为影像相关。如图 5.13 所示,影像相关是利用互相关函数,评价目标区与搜索区两块影像的相似性,以确定同名点。即首先取出以待定点为中心的小区域中的影像信号,然后取出其在搜索区影像中相应的影像信号,计算两者的相关函数,以相关函数最大者对应的相应区域中心为同名点。即以影像信号分布最相似的区域为同名区域,同名区域的中心点为同名点。这就是自动化立体量测的基本原理。

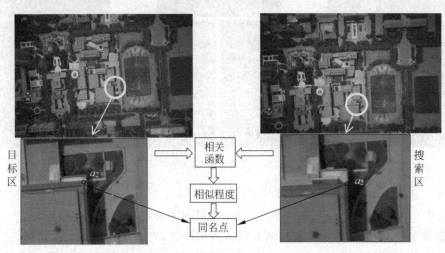

图 5.13　影像相关原理

2. 影像匹配算法

影像匹配的实质就是在两幅或多幅影像之间识别同名点的过程(图 5.14),是计算机视觉及数字摄影测量的核心问题,也是图像融合、目标识别、目标变化检测等问题中的一个重要前期步骤。实际上影像相关只是影像匹配方法的一种。

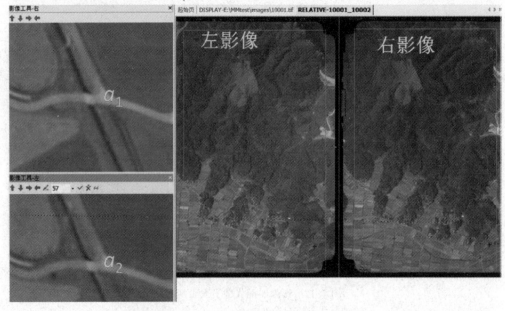

图 5.14　影像上的同名点识别(有彩图)

同名点的确定是以匹配测度为基础的,因此定义匹配测度是影像匹配最首要的任务。基于不同的理论或不同的思想可以定义各种不同的匹配测度,因而形成了各种影像匹配方法及相应的实现算法。总体上讲,匹配方法分为两类:基于灰度的影像匹配和基于特征的影像匹配。基于灰度的影像匹配以小区域内灰度分布为匹配基础,而基于特征的影像匹配又分为基于物方的影像匹配和基于像方的影像匹配。

5.2.2　几种典型的影像匹配算法

常见的基于像方灰度的影像匹配算法有相关函数法、协方差函数法、相关系数法、差平方和法、差绝对值和法、最小二乘法等;基于物方特征的影像匹配算法有铅垂线轨迹法(vertical line locus,VLL);基于像方特征的有跨接法影像匹配、金字塔多级影像匹配、SIFT匹配等。下面介绍3种典型的影像匹配算法。

1. 最小二乘匹配法(LSM)

最小二乘匹配算法是20世纪80年代由德国Ackermann教授提出的一种匹配算法。影像匹配中判断影像相似度的度量很多,其中有一种是"灰度差的平方和最小"。若将灰度差记为余差v,则可写为

$$\sum vv = \min \tag{5-2-1}$$

因此,灰度差的平方和最小与最小二乘法的原则是一致的。但是在一般情况下,它没有考虑影像灰度中存在着系统误差的情况,仅仅认为影像灰度只存在偶然误差或随机噪声,即

$$n_1 + g_1(x,y) = n_2 + g_2(x,y) \tag{5-2-2}$$

或

$$v = g_1(x,y) - g_2(x,y) \tag{5-2-3}$$

实际上,一幅影像灰度误差同时包含着偶然误差和系统误差。系统误差主要是由辐射畸变和几何畸变构成,如图5.15所示。其中,辐射畸变包括照明及被摄影物体辐射面的方向、大气与摄影机物镜所产生的衰减、摄影处理条件的差异以及影像数字化过程中所产生的误差等。几何畸变包括:摄影机方位不同所产生的影像的透视畸变、影像倾斜拍摄、地形起伏等引起的各种畸变。

如果在影像匹配中引入这些辐射畸变和几何畸变的变形参数,同时按$\sum vv = \min$的原则解求变形参数,以达到提高影像匹配的精度,就构成了最小二乘匹配方法。

根据所考虑的畸变因素的不同,最小二乘匹配通常可分为三类:仅考虑影像相对移位的一维最小二乘匹配、仅考虑辐射畸变的最小二乘影像匹配以及兼顾几何变形和辐射畸变的最小二乘影像匹配。同时,两个二维影像之间的几何变形不仅仅存在着相对移位还存在着图形变化——仿射变换,如图5.16所示。

在影像匹配中如果同时引入几何和辐射畸变的变形参数,按最小二乘的原则解求这些参数,可以使得精度达到1/10甚至1/100像素的高精度(图5.17)。

2. 铅垂线轨迹法(VLL)

铅垂线轨迹法来源于解析测图仪。如图5.18所示,假设在物方有一条铅垂线VLL,则它在影像上的投影也是一直线,其与地面交点A在影像上的构像必定位于相应的"投影差"上。利用VLL搜索相应的像点a_1与a_2,从而可以确定A点的高程。

图 5.15　影像辐射畸变与几何畸变(有彩图)

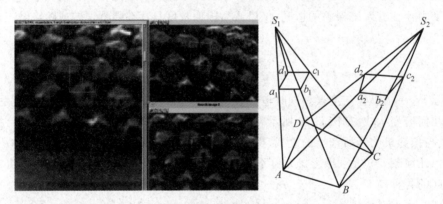

图 5.16　影像几何变形中的仿射变换(来自网络)

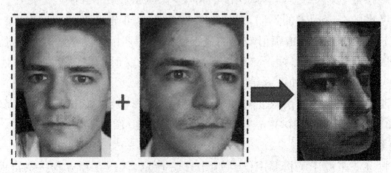

图 5.17　最小二乘影像匹配(来自网络)

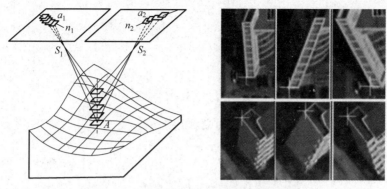

图 5.18　铅垂线轨迹法影像匹配(来自网络)

3. SIFT 匹配法

SIFT 即尺度不变特征变换。如图 5.19 所示,基于 SIFT 影像匹配可分三步:第一步建立图像的多尺度空间,在不同尺度下检测到同一个特征点,确定特征点位置的同时确定其所在尺度,剔除一些对比度较低的点以及边缘点;第二步由特征点的邻域梯度信息生成相应的特征向量,一般取 $8×8$ 的窗口。用梯度位置和方向的三维直方图来描述图像局部特征;第三步利用两幅影像特征向量的欧式距离判断特征点的相似性,同时剔除匹配错误的点。

第一步,在每个影像上寻找特征点

第二步,邻域梯度特征向量

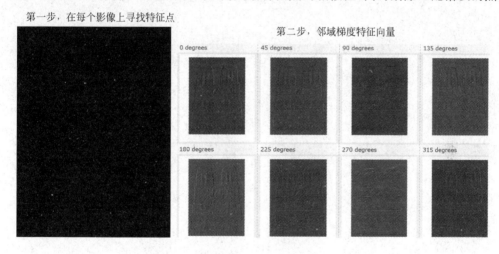

第三步,特征向量欧式距离相似性

图 5.19　SIFT 影像匹配(有彩图)(来自网络)

习题与思考题

1. 数字影像为什么要进行重采样？
2. 为什么常将影像匹配称为影像相关？
3. 影像匹配对数字摄影测量有什么重要作用？

第 6 章

数字高程模型及地形分析

6.1 数字高程模型

6.1.1 数字高程模型的含义与表示

请大家观察图 6.1 种的两张三维景观模型(兰州碑林和一段数字公路)并回答一个问题：这些三维景观模型包括哪些基础数据？

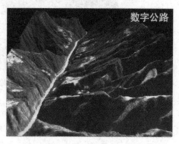

图 6.1 三维景观模型(有彩图)

首先观察到三维景观模型的纹理跟实际地表类似,这种纹理数据实际上就是数字正射影像(DOM)数据,是将中心投影的航摄像片转换为正射投影后能够像地图一样使用的一种基础地理数据。如何生产 DOM 数据也是摄影测量的基本任务之一,6.4 节我们将会学习数字正射影像生产原理。除此之外,还包括什么基本数据呢？从三维景观模型上能够明显地看到地形的高低起伏状态,这种能够表示地形地貌形态的数据就是数字高程模型,简称DEM,是一种非常重要的基础地理数据产品。

1. DEM、DTM 与 DSM

DEM(digital elevation model)是以数字的形式按一定的结构组织在一起,表示实际地形特征空间分布的模型,是对地形形状、大小和起伏的数字描述。数学表达为 $Z=f(x,y)$,其中 (x,y) 表示 DEM 所在区域。与 DEM 概念相对应的还有两种数据 DTM 和 DSM。

DTM(digital terrain model)也叫数字地形模型,是地表平面坐标 (x,y) 和其他地表属性(目标类别、特征等)组成的数据集合 (x,y,z),包括坡度、坡向、温度、降雨、重力、地球磁力、土地利用、土壤类别等其他地面诸特征。如果 z 表示高程,那么 DTM 就表示 DEM。由此可见,DTM 数据更加广泛,包含了 DEM。

DSM(digital surface model)称为数字表面模型,是指包含了地表建筑物、桥梁和树木等高度的表面数字高程模型。DSM 是在 DEM 的基础上,进一步涵盖了除地表面以外的其他地表信息的高程,表示的是最真实地表起伏情况,可广泛应用于各行各业。如图 6.2 所示,在森林地区可以利用 DSM 数据检测森林的生长情况;在城区 DSM 可以用于检查城市的发展情况;众所周知的巡航导弹不仅需要数字地面模型,更需要的是数字表面模型,这样才有可能使巡航导弹在低空飞行过程中,逢山让山,逢森林让森林。

图 6.2　DSM 数据及应用

DEM 与 DSM 区别比较明显,在图 6.3 所示的兰州碑林三维景观模型中,由于底层数据是 DEM,所以城区楼房等建筑都是"趴"在地面上的,已经看不出楼房的高低起伏了,黄河中山铁桥也是"趴下"的。

图 6.3　DEM 与 DSM 数据对比

请思考一个问题：直接利用数字摄影测量系统自动匹配获得的三维数据是 DEM 还是 DSM?

显然,通过自动匹配获得的三维数据一般来说都是 DSM,如在森林地区,特征匹配点一般就在树顶。除了在树顶部产生自动配点外,数字摄影测量系统也能在树木的底部位置获得一定数量的同名匹配点。匹配点在树根点或地表点的高程数据称为 DEM,而匹配点在树顶或房顶等位置的高程数据则称之为 DSM。由此可见,DEM 数据是对 DSM 数据进行编辑后的产品。DEM 是 DTM 数据的一部分。

2. DTM 的发展

DTM 最初是美国麻省理工学院 Miller 教授为了高速公路的自动设计于 1956 年提出来的。DTM 的研究经历了四个阶段:20 世纪 50 年代末是其概念形成的阶段;60 年代至 70 年代对 DTM 内插问题进行了大量的研究,如移动曲面拟合法等;70 年代中后期对采样方法进行了研究,如渐近采样及混合采样等;80 年代以来,对 DTM 的研究已涉及 DTM 的各个环节,包括 DTM 表示地形的精度、地形分类、数据采集、质量控制,DTM 数据压缩等。

3. DEM 表示方法

如图 6.4 所示,DEM 表示方法包括数学和图形法两类。数学方法在计算机领域运用比较多,使用三维函数模拟复杂曲面。图形法是用点或线数据描述地形起伏。点表示法可以是规则的、不规则排列的地形表面点或是用描述地形变化的特征点表达地形,如山顶点、洼地点等。线表示法包括水平线、垂直线和特征线。水平线法如常用的等高线,在兰州地区可以用 1500m 的水平线切割地球,就能够得到该区域高程为 1500m 的等高线数据;利用垂直线法切割地球,能够得到地形剖面线;另外一种是地形变化的特征线法,如山脊线、山谷线或坡度变化线等。

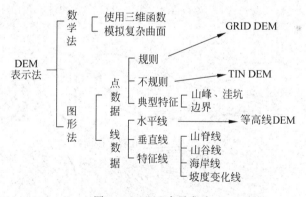

图 6.4 DEM 表示方法

在测绘领域通常采用 3 种 DEM 表示法,分别是等高线 DEM、不规则三角网(TIN) DEM 和规则格网(GRID) DEM。图 6.5 分别利用三种格式 DEM 数据表示地形起伏特征。

等高线是最早表示地形的一种方法,这个大家应该比较熟悉。在普通测量学利用水准仪、GPS 或全站仪等测定高程,获得测区等高线数据。GRID DEM 数据测量就像地板砖分布一样,沿着某一固定方向及其垂直方向上,每隔规定的距离测定一个点的高程值,如果间隔为 10m,那么就能得到 10m DEM 数据。TIN DEM 则是一种不规则的高程测定方法,根据实际地形起伏情况,在地形变化大的地方测量较多高程数据点构建 TIN 模型,而在地形相对平坦区域测量少量的高程点构建的 TIN 就能够准确表达地形起伏特征。

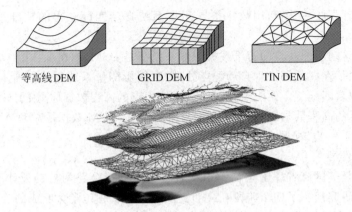

图 6.5　三种 DEM 数据

6.1.2　三种 DEM 数据优缺点比较

等高线 DEM、TIN DEM 和 GRID DEM 是常见的三种 DEM 数据,它们都可以描述地形,但其特征不同。下面比较分析它们各自的优缺点。

1. 等高线 DEM

等高线是地形图基本要素之一,是地图上表示地形高低起伏的一种常用方法。它是采用一组地面高程等值线即等高线所组成的平面图形,来显示地面的高低起伏、坡度陡缓的一种地形表示法。如图 6.6 所示,等高线不仅能清楚地显示地面的高低起伏形态,还能根据等高线的组合形式判断鞍部、谷地、山脊、山岭、盆地等地貌位置与形态。

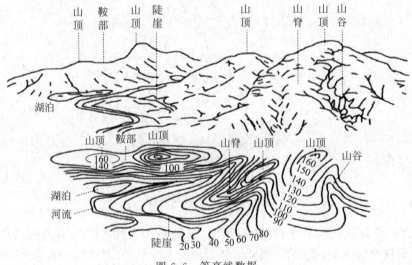

图 6.6　等高线数据

等高线的优点是表示方法比较简单,是最早用来表示地形特征空间分布的数据。其缺点主要表现在以下三个方面:一是缺乏视觉上的立体效果,立体感差;二是只表达了区域部分值,两等高线间的微地貌无法表示,需要用地貌符号和地貌注记予以补充,或通过插值计算等高线以外点的高程值;三是不利于进行地形分析,不便于计算坡度、坡向、地貌渲染图制作等。

2. TIN DEM

TIN DEM 又称为不规则三角网,按照优化组合原则把所有的离散的采样点连接成相互连续的三角平面,一个三角形代表一个平面。TIN DEM 的优势在于能够充分表示地形的特征点、线、面,能精细地描述地形特征;可根据地形的复杂程度,来确定采样点的密度和位置,减少了较平坦地区的数据冗余(图 6.7)。TIN 还有一个优点就是在 TIN 模式下编辑DEM 数据容易发现飞点。通过构造三角网,很容易发现特征点是不是贴在地表三维模型上,这种方法尤其在立体上检查地面点量测精度时非常有用。

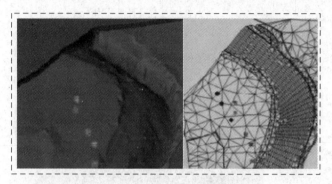

图 6.7 TIN 数据

然而,TIN DEM 数据也存在两方面的缺陷:构网比较复杂;存储结构复杂。TIN 是把众多离散高程点通过构造最优三角形网,拟合实际地形表面。其中一个问题是如何将这些离散点连接构造三角网呢?比如图 6.8 中,在测区测定了 4 个地形特征点,大家知道 4 个点可以连接 2 个三角形。问题是根据已知点能够构造出 2 种三角网,那么选哪种好呢?因此,TIN 模型需要定义最优三角网构网原则。通常,在连接时尽可能地确保每个三角形都是锐角三角形或是三边的长度近似相等,这种三角网也称为 Delaunay 三角网。显然,图 6.8 中虚线方框所示的三角网是最优的。

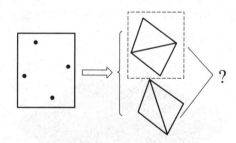

图 6.8 TIN 构网的复杂性

另外,如图 6.9 所示,TIN 的存储结构也是比较复杂的,不仅要存储离散点的平面与高程文件,还要存储每个三角网节点连接的拓扑关系文件以及三角网拓扑结构文件。需要告诉计算机每个三角形是由哪些点组成的,其邻接三角形又有哪些等信息。

3. GRID DEM

GRID DEM 又称规则网格,通常简称为 DEM,根据等间距网格点的高程数据实现对地形的描述,如图 6.10 所示。其实质是利用一个一个的小方格,每个小方格上标识出其高程,而这个小方格的长度就是 DEM 的空间分辨率。

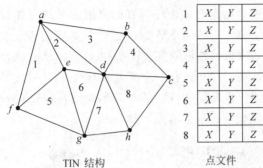

1	X	Y	Z
2	X	Y	Z
3	X	Y	Z
4	X	Y	Z
5	X	Y	Z
6	X	Y	Z
7	X	Y	Z
8	X	Y	Z

多边形	顶点			邻接三角形		
1	a	e	f	2	5	X
2	a	d	e	1	3	6
3	a	b	d	X	4	2
4	b	c	d	3	X	8
5	e	f	h	1	X	6
6	d	e	h	2	5	7
7	d	g	h	6	8	X
8	c	d	g	4	7	X

TIN 结构　　　　　　　　点文件　　　　　　　　三角形文件

图 6.9　TIN 复杂的存储结构

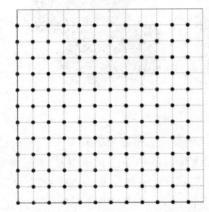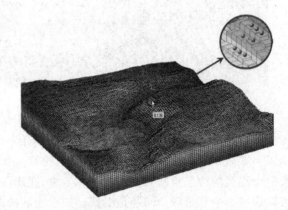

图 6.10　GRID DEM 数据(有彩图)

　　GRID DEM 的优点在于存储结构简单,便于计算机处理,易于计算等高线、坡度坡向、自动提取流域地形等数据,是目前最广泛的 DEM 的形式。其缺点是数据量大,且地形平坦地区存在大量的数据冗余,在不改变格网大小的情况下,难以表达复杂地形的突变现象;不能准确地表示地形的细部结构和特征,如图 6.11 所示。

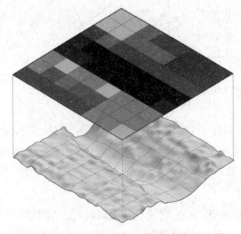

图 6.11　GRID DEM 不能准确表达地形

图 6.12 是同一地区 6 种不同空间分辨率 GRID DEM 数据,可以看出空间分辨率数值越小其对应的空间分辨率就越高,越能够精确地刻画地形起伏特征,但数据量也呈几何级数增长;空间分辨率越低,GRID DEM 数据描述地形特征的能力越弱,空间分辨率为 500m 时 DEM 数据已经基本不能表达地形起伏的细节信息了。所以在 DEM 制作和选取时要根据实际应用需要,在精确度和数据量之间做出平衡选择。

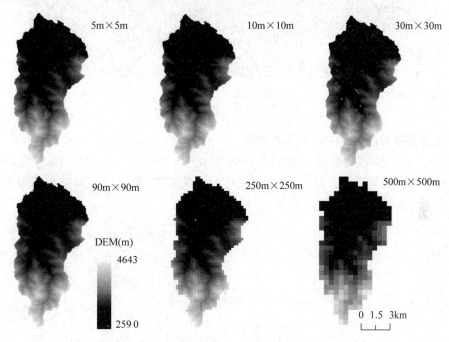

图 6.12　GRID DEM 精度与数据量(有彩图)

值得注意的是,由于 Grid DEM 本身在表达地形时存在地形精细特征丢失的内在缺陷,因此不同空间分辨率的 DEM 数据进行转换时,新内插得到的 DEM 数据加剧了对地形特征描述的不确定性。克服缺点的做法是,在利用格网 DEM 进行空间尺度转换时,同时顾及地形的重要特征点、线等先验数据才能获得可靠结果。

因此,请思考一个问题:如何根据一幅 10m GRID DEM 数据分别获得 5m 和 30m GRID DEM 数据?比如数字摄影测量系统通过三维建模和 DEM 立体编辑以后输出了一幅 10m 尺度的 DEM 数据,但后面由于工作需要,希望分别获得 5m 和 30m DEM 数据。如果这个区域的地形非常复杂,人们就不能仅仅使用内插方法制作这两种 DEM 数据了。因此,获得高精度可靠的 DEM 数据方法有两种:一是直接在数字摄影测量系统编辑后的立体模型中重新输出 5m 和 30m DEM 数据;二是结合从立体模型中输出的重要的点、线、面特征数据,然后与已经生产的 10m DEM 内插得到这两种 DEM 数据。

6.1.3　三种 DEM 相互转换

请大家戴上红绿眼镜,观察图 6.13 中的两幅三维立体图。左边是规则网格 DEM 数据叠加在三维模型上,右边图是三维模型上叠加了等高线数据,同时在左下角小山包的位置还叠加了 TIN 模型。很显然,尽管这 3 种 DEM 数据都有各自的优缺点,但都能够表达地形起伏的特征。而且这 3 种 DEM 数据两两之间是可以相互进行数据转换的。下面具体学习 3 种 DEM 数据的转换方法及其注意事项。

GRID DEM   TIN+等高线

图 6.13   三维立体图(有彩图)

1. 从等高线 DEM 到 TIN DEM 的转换

如图 6.14 所示,由等高线 DEM 到 TIN DEM 的转换是一个构网的过程。等高线本身就是由若干点组成的矢量数据,因此由等高线转换成 TIN 模型,其实质就是利用等高线上的一系列数据点构造三角网的过程。

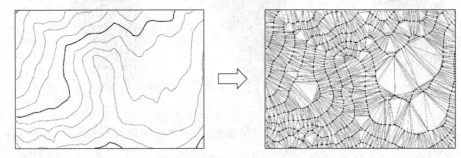

图 6.14   等高线转换为 TIN

2. 从 TIN DEM 到等高线 DEM 的转换

由 TIN DEM 到等高线 DEM 的转换是一个等高线自动追踪的过程。如图 6.15 所示,要判断 1500m 的等高线是否过△A 的 a 边,首先要判断 a 两端的高程值,结果发现 a 边两端的两个节点的高程值介于 1500m 之间,表明该等高线穿过 a 边。但是从哪个位置穿过呢? 这时就需要内插原理计算等高线经过 a 边的位置,经计算该等高线要从边线 a 的 1/2 处穿过。然后,用同样的方法继续判断这条等高线是否通过△A 的其他两个边 b 和 g,直到判断完三角网的所有三角形的边,从而完成了 TIN 到等高线的转换。

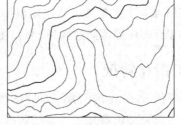
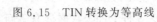
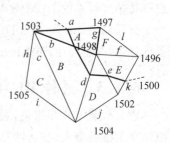

图 6.15   TIN 转换为等高线

细心观察会发现,在由 TIN 数据转换为等高线的过程中,如山脊线、山谷线等很多地形特征信息已经丢失了,如图 6.16 中 A、B、C 和 D 所示。

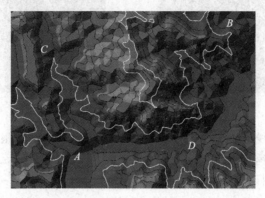

图 6.16　等高线与 TIN 对比(有彩图)

因此,由 TIN 到等高线的转换是否真正是可逆的? 比如由原始的 TIN 转换为等高线,再由等高线转换为 TIN,那么原始 TIN 和转换后的 TIN 是否完全相同? 显然,答案是否定的。因此,在实际应用中,一定要明白这一点,尽量减少它们之间的相互转换。

3. 从等高线 DEM 到 GRID DEM 的转换

由等高线 DEM 转换为 GRID DEM 的实质是内插的过程。由等高线上的点数据内插 DEM 格网中心像元的高程值,获得格网 DEM 数据。

4. 从 GRID DEM 到等高线 DEM 的转换

从 GRID DEM 到等高线 DEM 的转换也是等高线自动追踪的过程(图 6.17),其方法与 TIN 到等高线自动跟踪法类似,这里不再赘述。

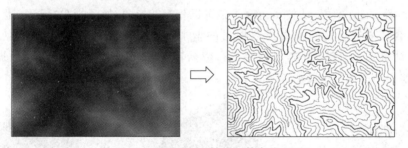

图 6.17　GRID DEM 转换至等高线 DEM

5. 从 TIN DEM 到 GRID DEM 的转换

由 TIN DEM 转换至 GRID DEM 是对 TIN 数据进行内插的过程,其方法类似于等高线到 GRID 数据的转换。值得注意的是,原始 TIN DEM 数据本身可以精确、详细地表达地形的细部特征,但是将其转换为 GRID DEM 后,数据量不仅会成倍地增加,而且地形细部信息将会大幅度降低(图 6.18)。

6. GRID DEM 到 TIN DEM 的转换

GRID DEM 到 TIN DEM 的转换则是一个从 GRID 数据中筛选重要点的过程。如图 6.19 所示,检索每一个格网点高程值,将筛选出的地形特征点进行记录,获得 TIN 数据。在 GRID 数据中,一般选择 3×3 的窗口,判定中心像元是不是特征点。具体的方法是:分别

图 6.18　TIN 转换至 GRID DEM

连接 3×3 格网的对角线 AE 和 CG,分别判断中心像元 P 点与两根线段的垂直距离,距离越大,说明中心像元高程与周围像元高程差异越大,从而筛选出像元 P。否则,如果距离较小,在预定的限差内,则认为该像元不是重要点,移动窗口,判断下一个像元,直到所有像元判断完为止。

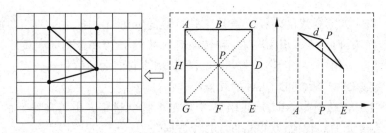

图 6.19　GRID DEM 到 TIN DEM 的转换

　　由于输出的 TIN 是由 GRID 转换而来的,因此转换后的 TIN DEM 并不能完全精确地表达地形,只是在保证 GRID DEM 数据精度基础上减少了数据量。

　　总之,3 种 DEM 数据,从技术角度看是可以相互转换的,如图 6.20 所示。但不同 DEM 数据转换,会带来信息量的损失或数据量的增加。切忌将 3 种数据随意转换,最终使得 DEM 精度严重丢失。在迫不得已需要进行数据转换时,请大家注意:DEM 数据转换会带来哪些问题?尽量减少精度的损失。

图 6.20　3 种 DEM 数据相互转换(有彩图)

总之,TIN DEM 或等高线 DEM,转换为 GRID DEM 过程中,信息量会减少,但数据量会增加。好处是转换后的 GRID 数据,更有利于坡度、坡向等地形分析。等高线 DEM 或 GRID DEM,转换为 TIN DEM,信息量变化不大,转换后的 TIN DEM 有利于地形特征提取。TIN DEM 或 GRID DEM,转换为等高线 DEM,地形信息量会降低,转换后的等高线是地形图地形、地貌表达的基础要素。

6.2　DEM 数据生产流程

由于 GRID DEM 是目前使用最广泛的一种 DEM 形式,本节专门介绍 GRID DEM 的数据生产。其生产流程主要包括 3 个方面:DEM 数据采集、DEM 数据内插和 DEM 质量评价。

1. DEM 数据采集

为了建立 DEM,必须量测一些离散点的三维坐标。那么,生产 DEM 的数据源主要有哪些? 目前,按数据采集方法的不同,主要分为 4 种方式:地面测量方法、现有地形图法、空间传感器法和摄影测量法。

1)地面测量方法

地面测量方法又称为野外实地测量方法,是在实地直接测量地面点的平面位置和高程。所采用的方法与仪器主要有水准测量、经纬仪测量、全站仪测量、GPS 测量、地基激光测量等。

2)现有地形图法

现有地形图法是利用现有的数字地形图上等高线和高程数据内插 DEM,或者是根据现有的栅格地形图,利用数字化台进行手工跟踪等高线及高程点,或者使用扫描装置对地图进行矢量化。

3)空间传感器法

空间传感器法是指地面点的高程数据直接由机载或星载的空间传感器获得,如雷达或激光高度计等(图 6.21)。激光高度计一般由激光发射模块、激光接收模块和数据处理模块 3 部分组成。激光光束首先由激光发射模块发射出,被森林、草地、裸地等被测目标物反射后,回波激光光束又被遥感平台接收模块接收,数据处理模块根据光在空气中的传播速度,则可以计算目标物至传感器的距离,最终得到探测目标地物的海拔高度。

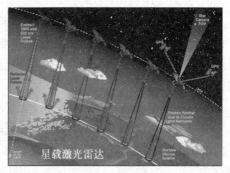

图 6.21　空间传感器法获取 DEM 数据

4）摄影测量法

数字摄影测量方法是现代最主要的 DEM 生产技术方法。以数字影像为基础，通过计算机进行影像匹配、自动识别同名点等处理过程，建立地表三维模型，在立体观测条件下获得空间点三维坐标。DEM 数据也是摄影测量输出的重要基础地理信息产品之一。

2. DEM 数据内插

DEM 内插就是根据不同方法采集的地面点高程值，获得规则格网点上高程值的过程。任何内插方法都是基于原始函数的连续光滑性。但由于区域内地形复杂，DEM 内插中不可能用一个简单多项式来拟合。目前，DEM 内插方法主要有：移动平均法、样条函数插值法、克里金插值法和最近邻点插值法。

1）移动平均法

如图 6.22 所示，以未知点为圆点，以某一距离为半径作圆，通过统计落入圆内已知高程点的加权平均值，作为待估点的高程值，主要包括加权平均法、反距离加权等方法。权重不仅需要考虑待估算点的位置与已知数据点位置之间的相互关系，而且还考虑变量的空间相关性。

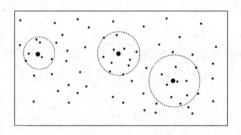

图 6.22　移动平均法

尤其需要注意的是：对点的选择除满足点数 $n > 6$ 外，应保证各个象限都有高程数据点；当地形起伏较大时，半径 R 不能取太大；当数据点较稀或分布不均匀时，利用二次曲面移动拟合可能产生很大的误差。

2）样条函数插值法

通常利用三次样条曲面进行插值（图 6.23）。其特点是：构造函数只用少数点，速度快，保留局部特征，但其内插误差不能直接估算；在实践中要解决样条块的定义以及如何在三维中将这些块拼接成复杂曲面，又不引入原始曲面中所没有的异常现象等问题。

3）克里金插值法

克里金插值法假定采样点之间的距离或方向可以反映表面变化的空间相关性。克里金插值法工具可将数学函数与指定数量的点或指定半径内的所有点，进行拟合以确定每个位置的输出值。克里金插值法是一个多步过程，包括数据的探索性统计分析、变异函数建模和创建表面等。

克里金插值法基于包含自相关（测量点之间的统计关系）的统计模型。因此，地统计方法不仅具有产生预测表面的功能，而且能够对预测的确定性或准确性提供某种度量，广泛地应用于矿山勘探、地下水模拟、土壤制图等领域，是 GIS 软件地理统计插值的重要组成部分。

图 6.23　样条函数插值法

4）最近邻点插值法

最近邻点插值法的基本思想是，未知点的最佳估计值是由最邻近的观测值产生，通常用泰森多边形寻找待插点的最邻近观测点（图 6.24），常用于土壤类型等变量的快速赋值。注意对于降水、气压、温度等连续变化量，除非有足够多的数据点才能使用。

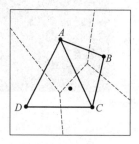

图 6.24　最近邻点插值法

3. DEM 质量评价

从图 6.25 可以看出，美国 30m SRTM DEM、我国资源三号 15m 和 5m 3 种 DEM 精度相差较大。即便都是 30m DEM，SRTM 和 ZY-3 数据精度也不同。那么，影响 DEM 精度的因素有哪些？

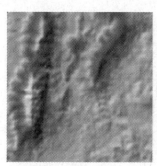 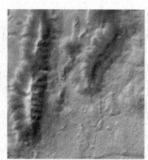 

SRTM 30m DEM　　　　　　　ZY-3 15m DEM　　　　　　　ZY-3　5m DEM

图 6.25　不同 DEM 精度数据

概括起来，影响 DEM 精度的因素有两个：一是原始数据精度（采样密度、测量误差、地形类别、控制点等）；二是内插精度（内插方法、地形类型、原始数据的密度）等。其中，高程数据点的密度是影响 DEM 质量的主要因素。

总之，DEM 生产完以后还需要一个精度检验过程。精度是评价 DEM 好坏的重要指标，也是 DEM 分析及地学过程模拟最为关心的问题。目前，DEM 采集与内插技术已基本成熟，但 DEM 精度评价还是人们研究的热点。当前常见的 DEM 定量精度评价主要有等高线套合法、剖面线法、中误差统计法等。

下面,以大野口流域 DEM 精度评价为例来说明。

1) 等高线套合法

等高线套合法是测绘实际生产领域通常使用的 DEM 精度检验方法,如图 6.26 所示。虽然等高线套合的分析方法简单易行,但本质上是一种定型精度分析模型,常用作 DEM 粗差检测和 DEM 质量判断。

三维景观模型　　　　　　　　　　DEM等高线回放图与原始等高线数据套合

图 6.26　等高线套合法 DEM 精度评价

2) 剖面线法

如图 6.27 所示,选用某一地形起伏较大点的剖面线,将 WorldView-2 提取的 DEM 数据与已有的 GDEM 沿纵线高程偏差值进行剖面分析,结果发现 GDEM 具有削峰填谷的作用,说明 WorldView-2 提取的 DEM 精度更高。

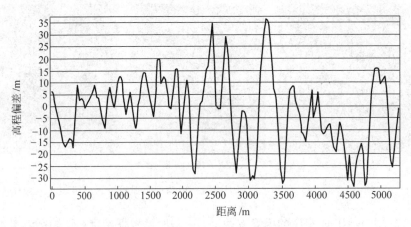

图 6.27　剖面线法 DEM 精度评价

3) 中误差统计法

分别选择外业控制点和立体模型保密点,计算中误差,对比国家 DEM 精度检验标准判定其精度等级,如图 6.28 所示。

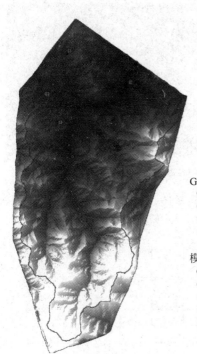

检查点类型	点数	偏差均值/m	中误差/m
外业GPS控制点	15	−0.16	1.9
立体模型保密点	12	0.7	1.15

图例

GPS点
- −3.355799～−1.099668
- −1.099667～0.138369
- 0.138370～0.611270
- 0.611271～1.160313
- 1.160314～1.848043

模型保密点
- −3.355799～−1.099668
- −1.099667～0.138369
- 0.138370～0.611270
- 0.611271～1.160313
- 1.160314～1.848043

图 6.28　中误差统计法 DEM 精度评价

6.3　DEM 分析及应用

DEM 分析与应用也称为数字地形分析,是在 DEM 数据基础上,进行地形属性计算和特征提取的数字信息处理技术。其应用主要分为两个方面:一是基于坡度、坡向等的地形属性表面分析;二是面向专题应用的分析,如水文分析、可视域分析等。

6.3.1　基于地形属性的表面分析

1. 坡度

坡度(slope)是地表单元陡缓的程度,通常把坡面的垂直高度 h 和水平方向的距离 l 的比,叫作坡度(或叫作坡比),也是地表单元的法向量与 Z 轴的夹角,即切平面与水平面的夹角,如图 6.29 所示。常用坡度的表示方法有百分比法和度数法。如图 6.29 所示,是以度数法表示的坡度等级图。用度数来表示坡度,利用反三角函数计算而得,其公式为:坡度＝arctan(高程差/路程)。

以 ArcGIS 坡度算法为例,一般取 3×3 窗口,首先计算中心像元在 x 和 y 方向的变化率 dz/dx 和 dz/dy,其公式为(6-2-1)和式(6-2-2),然后代入坡度公式(6-2-3),逐像元计算坡度值。

$$[dz/dx] = [(c + 2f + i) - (a + 2d + g)]/(8 \times \text{x\_cellsize}) \tag{6-2-1}$$

$$[dz/dy] = [(g + 2h + i) - (a + 2b + c)]/(8 \times \text{y\_cellsize}) \tag{6-2-2}$$

$$\text{slope\_degrees} = \arctan(\sqrt{[dz/dx]^2 + [dz/dy]^2}) \times 57.29578 \tag{6-2-3}$$

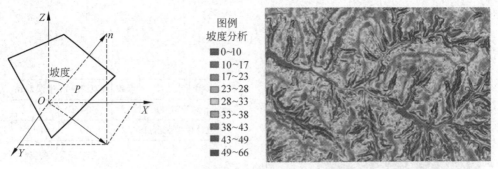

图 6.29　坡度定义及坡度分析(有彩图)

尽管现在很多软件都提供了坡度计算工具,但每位同学还是要掌握具体算法。如图 6.30 所示,请大家根据公式,计算一下中心像元为 30 的坡度。经代入计算,其值为 75.26°。

50	45	50
30	30	30
8	10	10

a	b	c
d	e	f
g	h	i

图 6.30　坡度计算

2. 坡向

如图 6.31 所示,坡向(aspect)定义为地表单元的法向量在水平面上的投影与 X 轴之间的夹角,即该点高程值改变量最大的变化方向,或者,通俗理解为由高及低的方向,计算公式为(6-2-4)。这里请大家注意坡向 0 方向,在不同的领域里,其定义是不一样的。在 ArcGIS 中,以正北方向为 0°,顺时针方向计算,取值范围为 0°~360°。坡向同样一般是在 3×3 的 DEM 的栅格分析窗口中进行。

$$aspect = 57.29578 arctan2([dz/dy], -[dz/dx]) \tag{6-2-4}$$

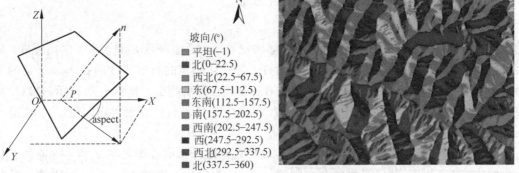

图 6.31　坡向定义及坡向分析(有彩图)

坡向的提取可以为我们寻找如最适合滑雪的坡、生命的多样性、可能遭遇雪水袭击的居住点,以及飞机紧急降落的地点等最佳点位。另外,通过计算光源(如太阳等)与地形的坡度、坡向之间的关系,还可以得到对应的山体阴影图。创建山体阴影地图时,所要考虑的主要因素是太阳的位置,包括方位角和高度角。基于高精度 DEM 数据,根据当地时刻,就可以计算出太阳高度角和方位角,从而计算出实时山体阴影地图,为农业生产等提供科学数据。通过对生成的山体阴影图进行颜色变换,调整其透明度,就可以得到有一定地形起伏感的 DEM 地貌渲染图,如图 6.32 所示。

图 6.32　DEM 地貌渲染图

3. 立体透视图

绘制立体透视图是 DEM 的一个重要应用。立体透视图能够直观地反映地形的立体形态,也成为制作地表电子沙盘的基础数据。同时,将正射影像 DOM 数据叠加在 DEM 立体透视图上,可以获得与实际地表相似的三维景观模型,如图 6.1 所示。基于立体透视图进行三维立体观察、立体漫游等分析,便于更好地展示与研究地形的空间形态。

4. 地表辐照度

DEM 数据是山区地表辐照度(主要能量是太阳短波辐射)估算的重要数据源。根据日照条件和坡面几何条件的关系式,就可以计算实际地表辐照度。这样,将地表辐照度和土壤酸碱度、土壤厚度、土壤湿度等与农作物生长条件匹配,就可以进行精细耕作指导。如图 6.33 所示是祁连山大野口流域在三个典型时相中午 12 点左右时的太阳短波辐射空间分布图,单位是 W/m^2。

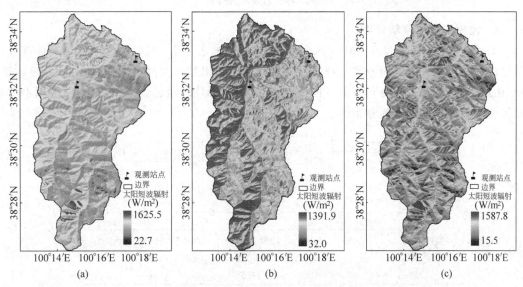

图 6.33　三个典型时相中午 12 点左右地表辐照度(有彩图)

(a) 2008-05-03;(b) 2009-06-20;(c) 2009-09-28

5．高程变异分析

高程变异分析包括平均高程、相对高程、高程标准差、高程变异系数（格网点的高程标准差与平均高程的比值），是反映地表单元各格网高程变化的指标。图 6.34 描述了大野口流域高程变异系数空间分布特征。

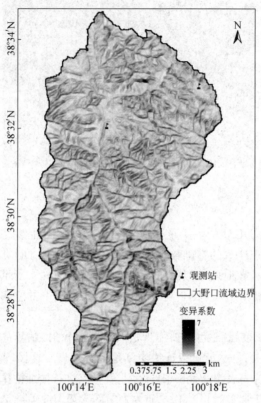

图 6.34　高程变异分析

6．地貌形态的自动分类

如图 6.35 所示，基于 DEM 计算出坡度、坡向等地表要素，然后根据地形分类标准表，对区域地貌类型进行自动分类。例如，根据绝对高度、相对高度和坡向信息，将地貌分成平原、岗地、丘陵、低山、中山和高山。根据地貌形态分类标准，通过设置阈值，直接根据 DEM 数据就可获得地貌形态的分布图。

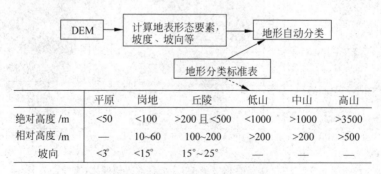

	平原	岗地	丘陵	低山	中山	高山
绝对高度 /m	<50	<100	>200 且 <500	<1000	>1000	>3500
相对高度 /m	—	10~60	100~200	>200	>200	>500
坡向	<3°	<15°	15°~25°	—	—	—

图 6.35　地貌形态的自动分类

7. 表面积与体积

格网数据分为含有特征点的和无特征点两种,一般的 DEM 数据是无特征的网格。利用规则网格 DEM 数据的四个角点,逐窗口计算表面积与体积,然后获得区域总表面积或体积;根据高程与曲面表面积,能够得到区域的土方量,进行工程中的挖方、填方及土壤流失量,如航道冲淤变化分析等。航道中的泥沙量是一个不断变化的过程,基于 DEM 数据对航道进行冲淤变化分析,可以清楚地掌握航道淤积的泥沙来源、淤积过程、主要淤积原因和淤积部位,从而为工程治理对策提供科学依据。

同时,DEM 数据是淹没分析的基础数据。根据指定的最大、最小高程值及淹没速度,动态地模拟某区域水位由最小高程涨到最大高程的淹没过程。另外,根据某区域洪水涨势速度,模拟洪水涨到指定高程的淹没过程,可为防洪救灾提供重要的参考资料。淹没分析结果也可作为河流区域的水利工程或建筑地选址的可靠依据。

6.3.2　几种典型 DEM 专题应用分析

1. 水文分析

水文分析,也称数字流域分析,主要是基于 DEM 数据建立地表水的运动模型,辅助分析地表水流从哪里产生以及要流向何处,再现水流的流动过程。如图 6.36 所示,基于 DEM 水文分析共分为 4 个步骤,主要包括 DEM 洼地填充、水流方向确定、水流累积矩阵生成与河流网络提取。

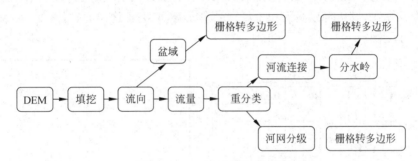

图 6.36　数字流域分析

1) DEM 洼地填充

由于数据噪声、内插方法的影响,DEM 数据中常常包含一些"洼地"。"洼地"将导致流域水流不畅,不能形成完整的流域网络,因此在利用模拟法进行流域地形分析时,要首先对 DEM 数据中的洼地进行填充处理,也就是把其单元值加高至周围的最低单元值,如图 6.37 所示。

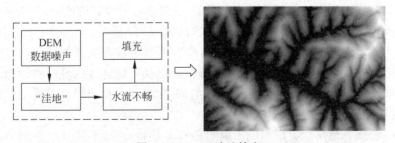

图 6.37　DEM 洼地填充

2）水流方向确定

假定雨水降落在地形中某一个格网上,水流方向则是指水流离开格网时的流向。目前有单流向和多流向两种,这里以 D8 单流量算法为例判断水流方向。在流域分析中,通常在 3×3 局部窗口中找出周边 8 个单元中坡度最陡的一个像元(周围 8 个格网地形最低),那么水流将会流向该格网上,如图 6.38 所示。如果多个像元网格的最大下降方向都相同,则扩大相邻像元范围,直到找到最陡下降方向为止。

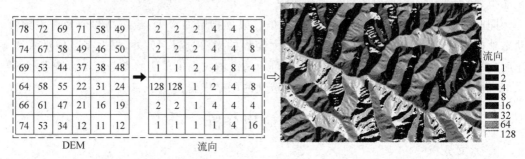

图 6.38　利用 DEM 数据确定水流方向

3）水流累积矩阵生成

水流累积矩阵(图 6.39)是指流向该格网的所有的上游格网单元的水流累计量,将格网单元看作是等权的,以格网单元的数量或面积计。水流累积矩阵是基于水流方向确定的,也是流域划分的基础,其值可以是面积也可以是单元数,取决于具体的软件,如 ArcView 中采用的是格网单元数。

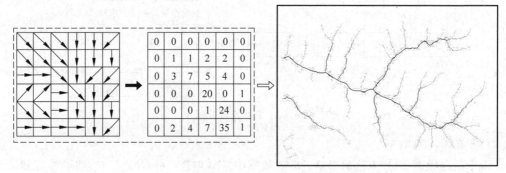

图 6.39　水流累积矩阵生成

4）河流网络提取

河流网络是在水流累计矩阵基础上形成的,它是通过所设定的阈值,即沿水流方向高于此阈值的格网连接起来从而形成流域河流网络,如图 6.40 所示。

通过以上 4 步对地形要素的提取,运用这些数据就可以完成诸如汇流区分割和汇水量的提取,与地表植被、土壤渗透、降雨等数据结合分析就可以进行区域洪水预报。水文分析依赖于 DEM 数据,同时河网的提取也为如山脊线、山谷线的提取提供了研究思路。

2．地形特征分析

地形点、线、面等地形结特征构成了地形的基本骨架,是地形特征分析的基本要素。下面重点对地形点特征和地形线特征进行分析。

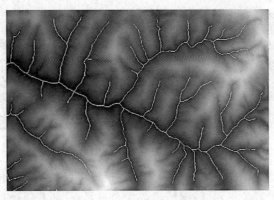

图 6.40　河流网络提取

地形点特征包括山顶点、凹陷点、脊点、谷点、鞍点和平地点等,可利用一个 3×3 或更大的栅格窗口,通过中心格网点与 8 个邻域格网点的高程关系来判断,提取各地形特征点。如图 6.41 所示,是利用 ArcGIS 提取出的山顶点空间分布图。

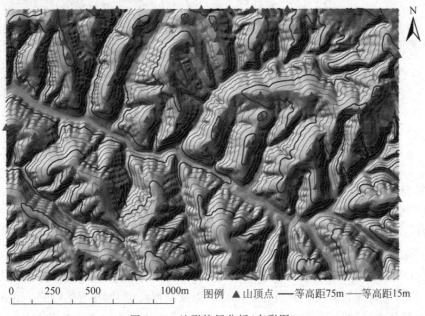

图例　▲山顶点　——等高距75m　——等高距15m

图 6.41　地形特征分析(有彩图)

山脊线和山谷线构成了地形起伏变化的分界线(骨架线)(图 6.42),对于地形地貌研究具有重要的意义。另外,对于水文物理过程研究而言,由于山脊、山谷分别表示分水性与汇水性,山脊线和山谷线的提取实质上也是分水线与汇水线的提取。

3. 可视性分析

可视性分析也称通视分析,强调视觉上的通达性,即从一个或多个位置所能看到的范围或可见程度。可视性分析包括两点之间的通视线和给定观察点的所覆盖区域的可视域分析。

通视线是表面上两点之间的一条线,表示观察者沿着这条线的表面观察地表是可见的

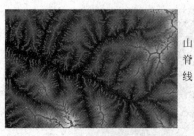山脊线

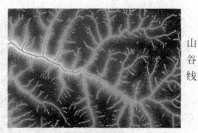山谷线

图 6.42　山脊线和山谷线

还是不可见的或隐藏的。如图 6.43 所示,创建通视线可以判断某点相对于另外一点而言可见与否。将可视线段以浅色显示,隐藏线段以深色显示,从而获得这条视线上的剖面图。

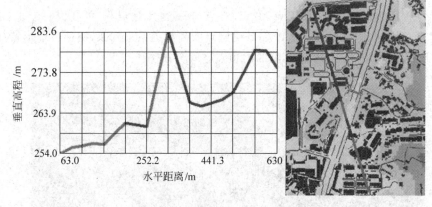

图 6.43　视线上剖面图(有彩图)

可视域指可以被一个或多个观测点看到的栅格单元。输出图像的每个栅格单元只有一个值,用来表示该栅格单元位置可以被多少个观测点看到。如果只有一个观测点,那么该观测点所能看到的栅格单元均被赋值为1。所有不能被该观测点看到的栅格单元均被赋值为0。当人站在某个指定点时,所能见到的范围对房地产价值、通信塔位置及军队的布设等有着重要的影响。

总之,DEM 数据是基础地理信息数据之一,其应用领域非常广泛。在土木工程领域,可以进行路线的选线和前期公路、铁路等设计,以及工程面积、体积等的计算。在测绘领域,DEM 是绘制等高线、坡度和坡向图,制作正射影像图及地图修测等的基础数据。在遥感中可作为地表覆盖类型分类的辅助数据。在军事上可用于导航(包括导弹与飞机的导航)通信、作战任务的计划等。在环境与规划中可用于土地利用现状的分析、各种规划及洪水险情预报等。

6.4　数字正射影像生产

1. 中心投影影像几何变形

第 2 章专门讨论过航摄像片与地图在投影、比例尺、表示方法、表示内容、几何差异性、现实性等方面的不同。与线划地图(DLG)相比,航空或卫星影像能够最真实、最客观地反

映地表特征,具有十分丰富的信息。然而,由于这些影像是中心投影,并不能与地表面保持着相似的、简单的缩小,而是存在由于影像倾斜和地形起伏等引起的像点位移,即几何变形。如图 6.44 中,同一座高压线塔,在影像上的位置不同,其形状各异,发生了变形,因此需要通过正射纠正,将中心投影的影像转化成具有正射投影的影像(图 6.45)。这样既保持着原有丰富的地表信息,又有正确平面位置与统一比例尺,影像就可以像地图一样使用了。本节主要内容就是要学习如何将中心投影的影像转化为正射影像。

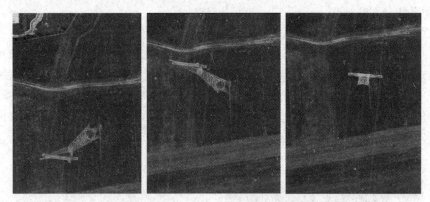

图 6.44　中心投影影像变形(有彩图)

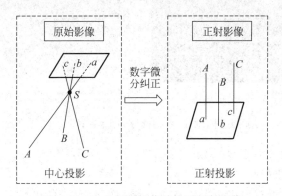

图 6.45　中心投影影像转换至正射影像

2. 数字微分纠正

测绘界前辈们曾经利用模拟摄影测量时代的纠正仪或解析摄影测量时代的正射投影仪制作正射影像图。但这些仪器一方面比较昂贵,另一方面这些光学纠正仪器在数学关系上受到很大限制。随着数码相机的出现以及数字摄影测量的发展,人们提出了一种广泛应用的数字微分纠正技术。

所谓的数字微分纠正,就是指根据有关参数与数字高程模型,利用相应的构像方程或按一定的数学模型用控制点解算,从原始非正射投影的数字影像获取正射影像,这种过程是将影像化为很多微小的区域,逐一进行纠正且使用的是数字方式处理,故称为数字微分纠正或数字纠正。

其实,关于数字微分纠正的理论基础前面章节已经学过了。如果是框幅式航空像片,请回答以下两个问题:①数字微分纠正概念中提到"根据有关参数"指的具体是什么? ②数字微分纠正的构像方程或数学模型是什么?

　　框幅式航空像片的构像方程或数学模型就是大家熟悉的共线方程,因此数字微分纠正概念中有关的参数指的就是像片的内、外方位元素。根据被纠正的最小单元,微分纠正分为点元素纠正、线元素纠正和面元素纠正。对数字影像进行数字微分纠正,在原理上最适合点元素微分纠正。但能否真正做到点元素微分纠正取决于能否真实地测定每个像元的物方坐标 X、Y、Z。所以,实际上数字微分纠正还是线元素纠正或面元素纠正。下面重点学习数字纠正的基本原理与过程。

　　1) 数字微分纠正原理

　　数字微分纠正与光学微分纠正一样,实质是实现两个二维图像之间的几何变换。对于数字影像纠正,其关键就是确定每个像元的两个基本要素:像素的几何位置和灰度值。因此,必须首先确定原始影像与纠正后影像之间的几何关系。通常有正解法和反解法之分。

　　如图 6.46 所示,由原始影像上的像点坐标 (x,y) 解求纠正后图像上相应坐标 (X,Y),则为正解法,或直接解法。而由纠正后的像点坐标 (X,Y) 出发,反求其在原始图像上的像点坐标 (X',Y'),这种方法称为反解法,或间接解法。由于反解法比较常用,我们重点学习反解法。

图 6.46　数字微分纠正(有彩图)

　　2) 反解法数字微分纠正

　　(1) 计算地面点坐标

　　如图 6.47 所示,设正射影像上任意一点 P(像元中心)的坐标为 (X',Y'),已知正射影像左下角地面坐标为 (X_0,Y_0),正射影像比例尺分母为 M,P 点所对应的地面物方坐标 (X,Y) 则可以写为

$$\begin{cases} X = X_0 + MX' \\ Y = Y_0 + MY' \end{cases}$$

(6-4-1)　　图 6.47　反解法数字
微分纠正

　　(2) 计算像点坐标

　　如果是框幅式航摄像片,解算正射影像的反解公式就是共线方程式(2-5-2)。此时,共线方程式中的 Z 参数就是 P 点的高程,通常由 DEM 内插求得。共线方程中其他参数,如像片的方位元素等大家都已经很熟悉了,此时方程中的未知数就是像点坐标 (x,y),从而解算得到正射校正后的影像数据。

　　需要注意,原始数字化影像是以行列数进行计量的。为此,应利用影像坐标与扫描坐标之间的关系求得相应的像元坐标。当然也可以由 X、Y、Z 直接解求扫描坐标行号、列号 I、

J。因此,可由 X、Y、Z 直接获得数字化的像元坐标。

（3）灰度内插

由于所求得的像点坐标不一定正好落在像元中心,也就是原始影像上并没有记录该像素灰度值,因此必须对原始影像进行灰度内插,一般可采用双线性内插法求得像点 p 的灰度值 $g(x,y)$。

（4）灰度赋值

最后将像点 p 的灰度值赋给纠正后的像元 P,即

$$G(X,Y)=g(x,y) \tag{6-4-2}$$

依次对每个纠正像元进行上述运算,获得纠正后的影像。如图 6.48 所示是反解法数字微分纠正原理及基本步骤。

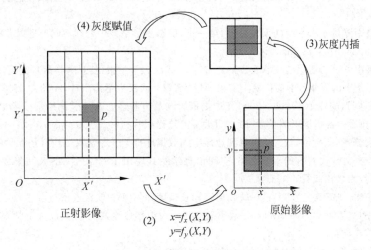

图 6.48 反解法数字微分纠正原理示意图

数字正射影像图是对航空航天影像进行数字微分纠正和镶嵌,按一定图幅范围裁剪生成的数字正射影像集,同时具有地图几何精度和影像特征的图像。DOM 具有精度高、信息丰富、直观逼真、获取快捷等优点,可作为地图分析背景控制信息,也可从中提取自然资源和社会经济发展的历史信息或最新信息,为防治灾害和公共设施建设规划等应用提供可靠依据;还可从中提取和派生新的信息,实现地图的修测更新等。

习题与思考题

1. DEM 与 DSM 和 DTM 有什么不同?

2. 等高线 DEM、TIN DEM 和 GRID DEM 3 种 DEM 数据有哪些优缺点? 它们之间相互转换有哪些需要注意的地方?

3. 试分析 DOM 数据获取的理论基础,并指出生产 DOM 数据的前提条件有哪些?

参考文献

[1] 胡倩伟,刘先林,曲建光,等. 创新型摄影测量教学实验系统的设计[J]. 测绘科学,2016,41(3): 181-184.

[2] 胡文元. 基于 ADS40 的数字摄影测量生产体系研究与应用[J]. 测绘通报,2009(01): 37-39.

[3] 贾娇,艾海滨,张力,等. 应急响应中 PixelGrid 无人机遥感数据处理的关键技术与应用[J]. 测绘通报,2013(05): 62-65.

[4] 柯涛,张祖勋,张剑清. 旋转多基线数字近景摄影测量[J]. 武汉大学学报(信息科学版),2009,34 (1): 44-47+51.

[5] 李德仁. 摄影测量平差系统的误差处理,第一讲,摄影测量平差中处理不同类型误差的发展阶段[J]. 测绘通报,1986(01): 41-45.

[6] 李德仁. 摄影测量与遥感的现状及发展趋势[J]. 武汉大学学报(信息科学版),2000,25(1): 1-6.

[7] 李德仁. 不停歇的思索:李德仁院士文集[M]. 武汉:武汉大学出版社,2008.

[8] 李德仁,刘良明,胡晓沁. 1996—2000 年中国摄影测量与遥感进展[J]. 测绘学报,2001(02): 25-34.

[9] 李德仁,郑肇葆. 解析摄影测量学[M]. 北京:测绘出版社,1992.

[10] 李德仁,袁修孝,张剑清,等. 从影像到地球空间数据库框架——武汉测绘科技大学的全数字化摄影测量及其与 GPS 和 GIS 的集成之路,空间信息学及其应用-RS、GPS、GIS 及其集成[M]. 武汉:武汉测绘科技大学出版社,1998.

[11] 李德仁,王密. "资源三号"卫星在轨几何定标及精度评估[J]. 航天返回与遥感,2012,33(3): 1-6.

[12] 李健,刘先林,万幼川,等. SWDC-4 数码航空相机虚拟影像生成[J]. 武汉大学学报(信息科学版),2008(05): 13-16.

[13] 林宗坚. 相关算法的矢量分析[J]. 测绘学报,1985,14(2): 111-121.

[14] 孙家广,许隆文. 计算机图形学[M]. 北京:清华大学出版社,1986.

[15] 孙钰珊,张力,许彪,等. "资源三号"卫星影像无控制区域网平差[J]. 遥感学报,2019,23(02): 205-214.

[16] 孙钰珊,张力,艾海滨,等. 倾斜影像匹配与三维建模关键技术发展综述[J]. 遥感信息,2018,33 (02): 1-8.

[17] 王丽华,恽才兴. 基于数字高程模型定量分析长江口深水航道工程治理效果[J]. 海洋学报(中文版),2010,32(03): 153-161.

[18] 王佩军,徐亚明. 摄影测量学[M]. 武汉:武汉大学出版社,2010.

[19] 王密,胡芬,金淑英. 一种 ADS40 影像物方反投影坐标计算的快速算法[J]. 武汉大学学报(信息科学版),2009,34(02): 187-190.

[20] 王之卓. 摄影测量原理[M]. 北京:测绘出版社,1979.

[21] 王之卓. 摄影测量原理续编[M]. 北京:测绘出版社,1986.

[22] 杨铁利,刘先林,苏秋鹏. 航测多功能综合检校场自动对中地标的设置[J]. 测绘科学,2010,35 (06): 59-61.

[23] 杨战辉,张力. 用 VirtuoZo 数字摄影测量工作站生产 DEM、DOM 的试验[J]. 测绘通报,1998(11): 10-11+30.

[24] 张剑清,胡安文. 多基线摄影测量前方交会方法及精度分析[J]. 武汉大学学报(信息科学版),2007,32(010): 847-851.

[25] 张剑清,柯涛,孙明伟,等. 并行计算在航空摄影测量中的应用与实现——数字摄影测量网格

(DPGrid)并行计算技术研究[J]. 测绘通报,2008(12):11-14.

[26] 张剑清,孙明伟,郑顺义,等. 基于轮廓约束的摄影测量法元青花瓶数字三维重建[J]. 武汉大学学报(信息科学版),2009,34(01):7-10+2.

[27] 张建霞,刘宗杰,刘先林. 国产数码航摄仪应用于我国西部测图分析[J]. 测绘科学,2010,35(1):36-38.

[28] 张祖勋. 数字影像定位与核线排列[J]. 武汉测绘学院学报,1983(01):17-30.

[29] 张祖勋. 影像灰度内插的研究[J]. 测绘学报,1983(03):20-30.

[30] 张祖勋. 数字相关及其精度评定[J]. 测绘学报,1984(01):1-13.

[31] 张祖勋. 数字摄影测量与计算机视觉[J]. 武汉大学学报(信息科学版),2004,29(12):1035-1039.

[32] 张祖勋,张剑清. 全数字自动化测图系统软件包[J]. 测绘学报,1986,15(03):161-171.

[33] 张祖勋,张剑清. 相关系数匹配的理论精度[J]. 测绘学报,1987,16(02):112-120.

[34] 张祖勋,张剑清,江万寿,等. 黄土高原数字高程模型的建立分析与应用(黄土高原遥感专题研究论文集)[M]. 北京:北京大学出版社,1990.

[35] 张祖勋,张剑清,吴晓良. 跨接法概念之扩展及整体影像匹配[J]. 武汉测绘科技大学学报,1991,16(03):1-11.

[36] 张祖勋,张剑清. 数字摄影测量学[M]. 武汉:武汉大学出版社,1997.

[37] 张祖勋,张剑清. 数字摄影测量学的发展及应用[J]. 测绘通报,1997(06):11-16.

[38] 张祖勋,张剑清. 数字摄影测量的发展、思考与对策[J]. 地理信息世界,1999,5(02):15-20.

[39] 张祖勋,张剑清,张力. 数字摄影测量的发展、机遇与挑战[J]. 武汉测绘科技大学学报,2000,25(01):7-11.

[40] 张祖勋,张剑清. 广义点摄影测量及其应用[J]. 武汉大学学报(信息科学版),2005,30(1):1-5.

[41] 张祖勋,吴媛. 摄影测量的信息化与智能化[J]. 测绘地理信息,2015,40(04):7-11.

[42] Xi W,Shi Z,Li D. Comparisons of feature extraction algorithm based on unmanned aerial vehicle image[J]. Open Physics,2017,15(1):472-478.

[43] 边缘检测法[Z/OL]. (2014-10-01)[2020-08-09]. https://www.cnblogs.com/ronny/p/4001910.html.

[44] 航带法空中三角测量[Z/OL]. [2020-08-09]. http://www.51wendang.com/doc/f36fe4705cfeb0-b694670379/42.

[45] 三维立体图片[Z/OL]. http://tupian.baike.com/15356/40.html?prd=zutu_next.

[46] 摄影测量学国家精品课程[EB/OL]. (2009-02-03)[2020-08-09]. http://rsgis.whu.edu.cn/index.php?m=content&c=index&a=show&catid=146&id=3501.

[47] 云端之上的间谍之眼,精益求精的航空专用相机[Z/OL]. (2015-10-23)[2020-08-09]. http://www.kongjun.com/lishi/neimu/20151023/62209_3.html.

[48] Arcgis在线帮助文档[Z/OL]. (2013-04-10)[2020-08-09]. http://resources.arcgis.com/zh-cn/help/main/10.1/index.html.

[49] Epipolar Geometry/Matching Fundamentals[OL]. https://www.cs.auckland.ac.nz/courses/compsci773s1t/lectures/773-GG/lectA-773.html.

[50] openCV获取图像特征点[Z/OL]. (2018-10-22)[2020-08-09]. https://blog.csdn.net/lovebyz/article/details/83276435.

[51] Local Feature Matching using Harris Corners and SIFT[Z/OL]. (2015)[2020-08-09]. http://www.prism.gatech.edu/~jturner65/cvpages/comvis/comvisProj2.html.

[52] STEREOPLOTTERS[Z/OL]. [2020-08-09]. https://www.b-29s-over-korea.com/aerial%20photography/aerial%20photography-pg3.html.

[53] Vr Mapping[Z/OL]. [2020-08-09]. https://www.vrmapping.net/help5/index.html?tutorialsinglemodelorientation.html.

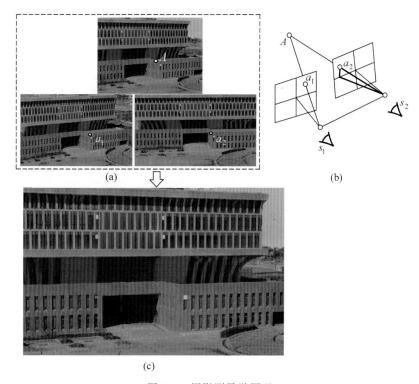

(a)

(b)

(c)

图 1.2　摄影测量学原理

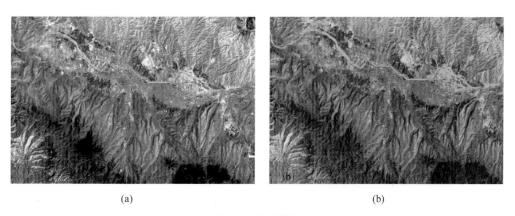

(a)　　　　　　　　　　　　　(b)

图 1.7　遥感影像

（a）兰州市 Landsat TM 真彩色影像；（b）兰州市 Landsat TM 标准假彩色影像

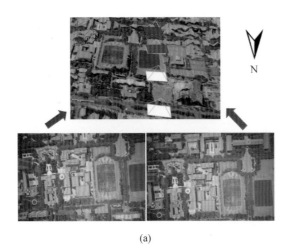

(a)   (b)

图 1.10　摄影测量的两个关键技术

（a）摄影过程的几何反转；（b）同名点寻找

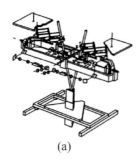
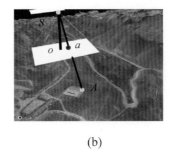

(a)   (b)

图 1.14　数字投影与物理投影

（a）物理投影；（b）数字投影

图 1.30　倾斜摄影测量的应用实例

水平像片　　　　　　　　倾斜像片

图 2.24　像点位移

图 2.25　摄影像片上的投影差

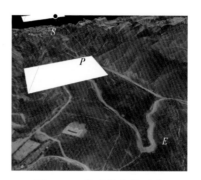

图 2.38　像片的方位元素

图 2.40　像片外方位元素的角元素

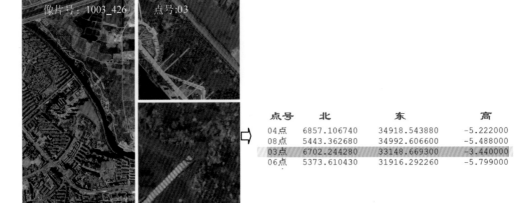

像控点成果

点号	北	东	高
04点	6857.106740	34918.543880	-5.222000
08点	5443.362680	34992.606600	-5.488000
03点	6702.244280	33148.669300	-3.440000
06点	5373.610430	31916.292260	-5.799000

刺点说明：石板路东北角

图 2.56　像控点成果

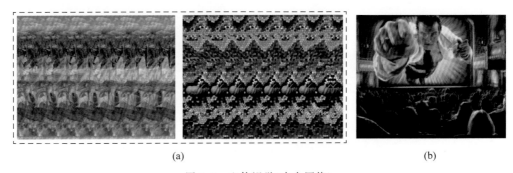

(a)　　　　　　　　　　　　　　　　　　　(b)

图 3.7　立体视觉（来自网络）

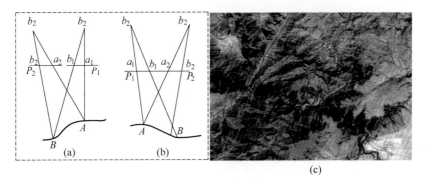

(a)　　　(b)　　　　　　　　　　　　(c)

图 3.11　反立体效应

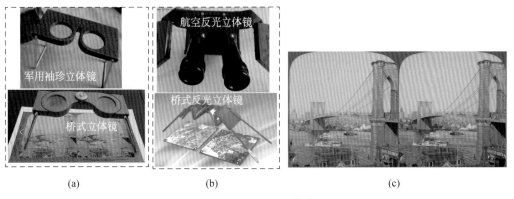

(a) (b) (c)

图 3.12 立体镜及立体像对

（a）桥式立体镜；（b）反光立体镜；（c）立体像对

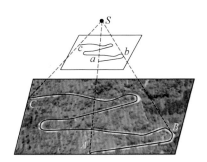

图 3.14 单张影像中心投影规律

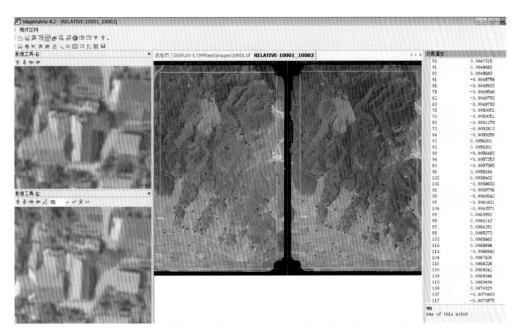

图 3.23 数字摄影测量系统中的相对定向

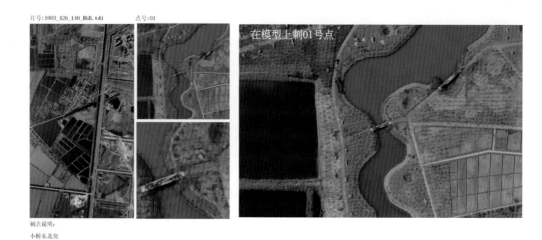

片号:1003_426_140_RGB.tdi　　　　点号:01

在模型上刺01号点

刺点说明:

小桥东北角

图 3.25　在立体模型上转刺像控点

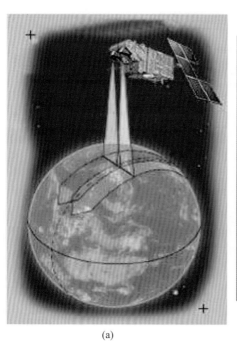

(a)

(b)

图 4.2　高分辨率卫星立体观测(来自网络)

(a) Spot 卫星立体观测；(b) 资源三号三维影像图

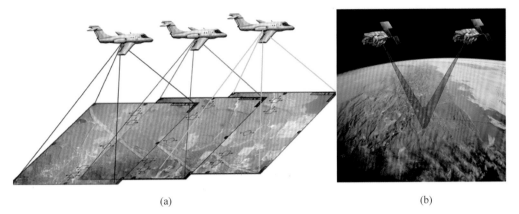

(a) (b)

图 4.3 航空与卫星立体观测（来自网络）

（a）航空立体观测；（b）卫星立体观测

图 4.5 地面标志点布设

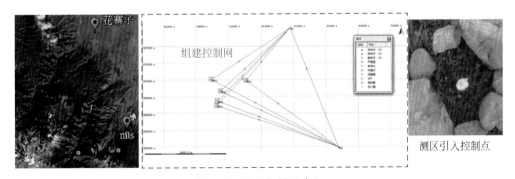

组建控制网

测区引入控制点

图 4.7 测区控制网建立

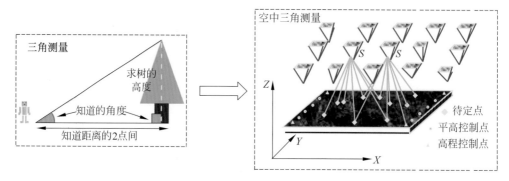

图 4.12　三角测量与空中三角测量

(a)　　　　　　　　　　　　(b)

图 4.16　高程控制点与平面控制点测量

（a）高程控制点；（b）平面控制点

图 4.17　影像匹配转点(来自网络)

图 4.23　航带法区域网平差

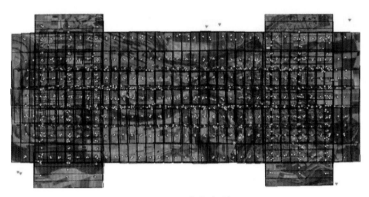

图 4.33　构架航线

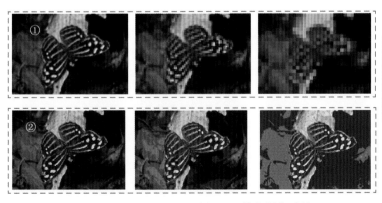

原始影像

图 5.1　数字影像质量

图 5.6 影像特征提取

图 5.8 4 种典型地物类型原始影像

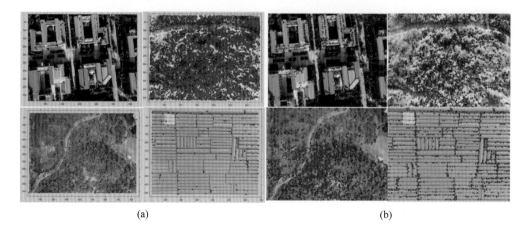

(a) (b)

图 5.9 不同点特征提取算子对比

（a）Moravec 算子；（b）Forstner 算子；（c）Harris 算子；（d）SIFT 算子

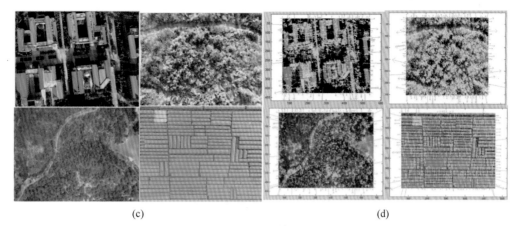

(c) (d)

图 5.9 （续）

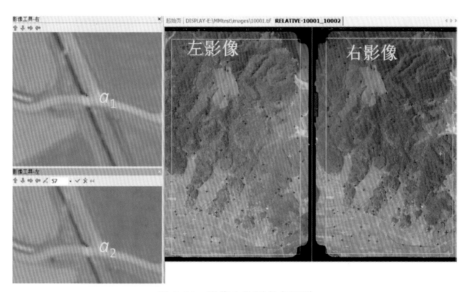

图 5.14 影像上的同名点识别

图 5.15 影像辐射畸变与几何畸变

第一步，在每个影像上寻找特征点

第二步，邻域梯度特征向量

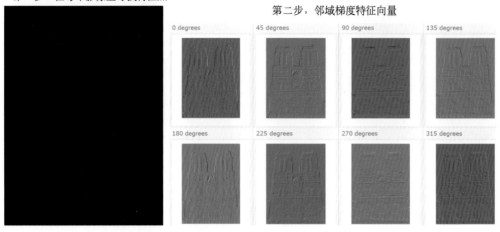

第三步，特征向量欧式距离相似性

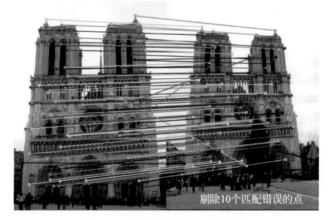

剔除10个匹配错误的点

图 5.19　SIFT 影像匹配（来自网络）

兰州碑林

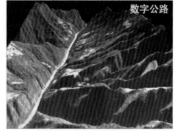

数字公路

图 6.1　三维景观模型

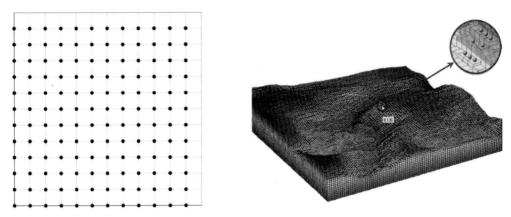

图 6.10　GRID DEM 数据

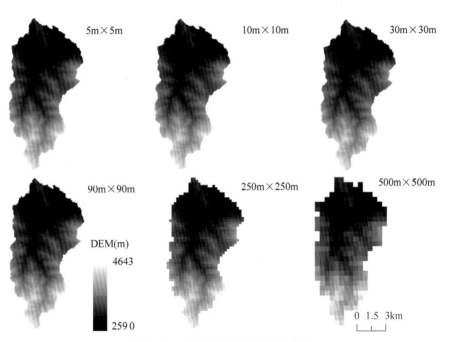

5m×5m　　　　10m×10m　　　　30m×30m

90m×90m　　　　250m×250m　　　　500m×500m

DEM(m)

4643

2590

0　1.5　3km

图 6.12　GRID DEM 精度与数据量

GRID DEM　　　　　　　　TIN+等高线

图 6.13　三维立体图

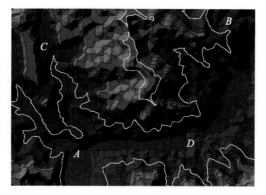

图 6.16　等高线与 TIN 对比

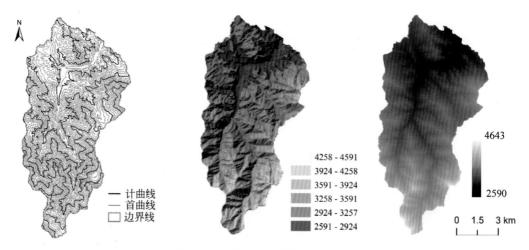

| 计曲线 |
| 首曲线 |
| 边界线 |

4258 - 4591
3924 - 4258
3591 - 3924
3258 - 3591
2924 - 3257
2591 - 2924

4643

2590

0　1.5　3 km

图 6.20　3 种 DEM 数据相互转换

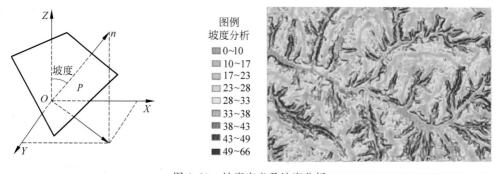

图例
坡度分析
0~10
10~17
17~23
23~28
28~33
33~38
38~43
43~49
49~66

图 6.29　坡度定义及坡度分析

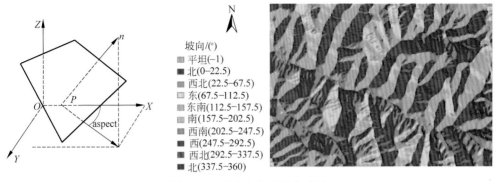

图 6.31 坡向定义及坡向分析

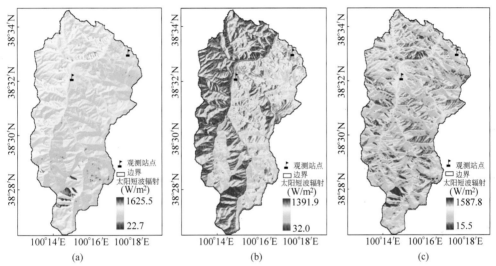

图 6.33 三个典型时相中午 12 点左右地表辐照度

（a）2008-05-03；（b）2009-06-20；（c）2009-09-28

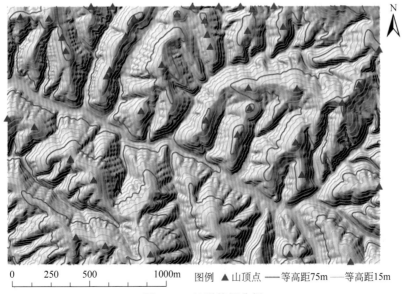

图 6.41 地形特征分析

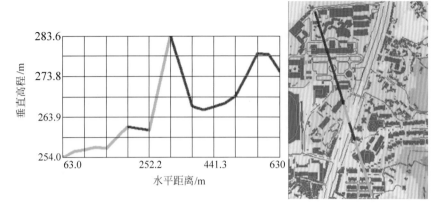

图 6.43　视线上剖面图

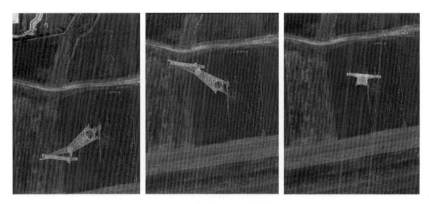

图 6.44　中心投影影像变形

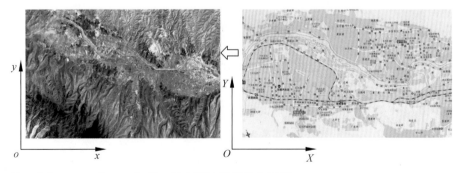

图 6.46　数字微分纠正